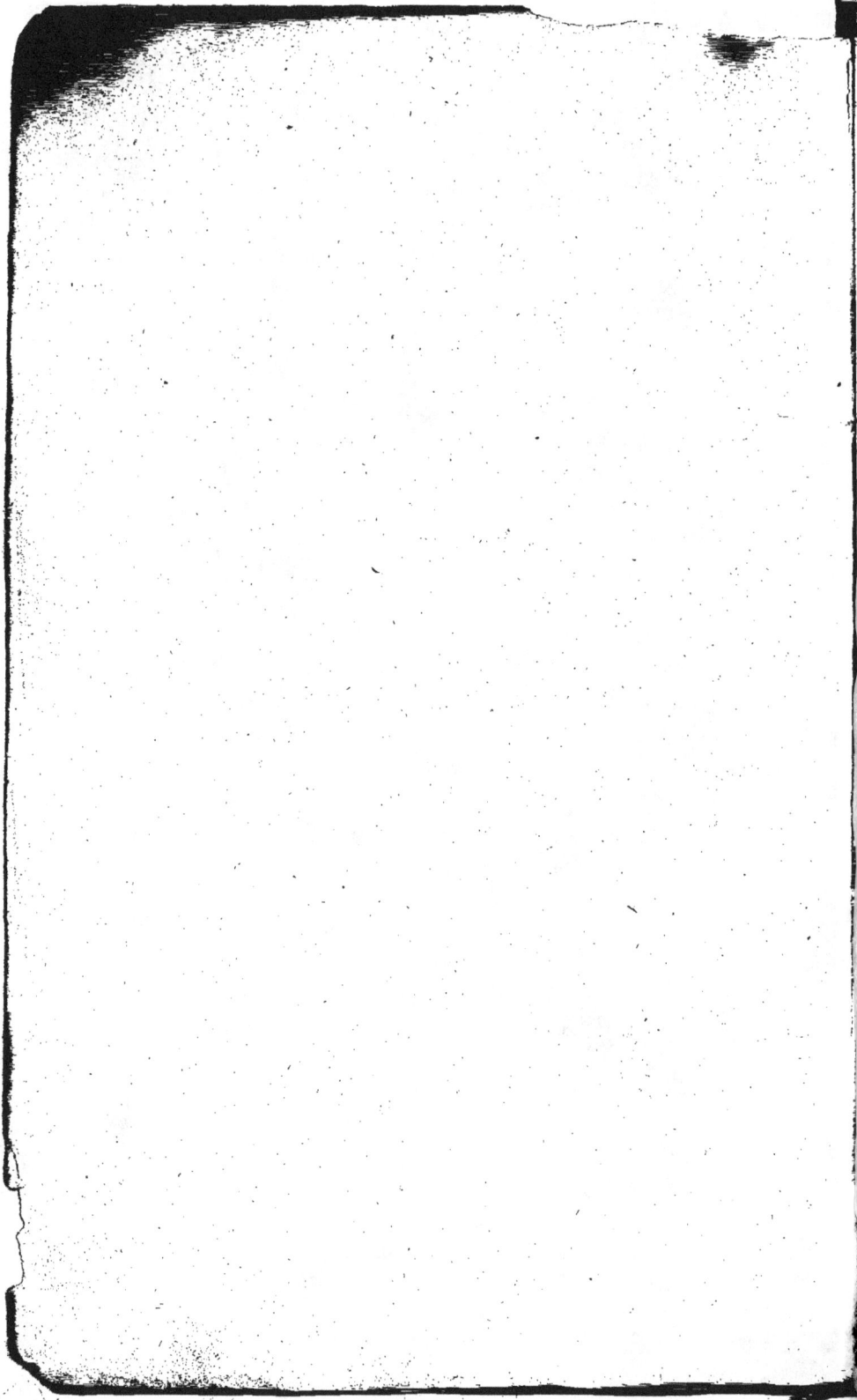

ÉTUDE

SUR LES

MACHINES SOUFFLANTES

ÉTUDE

SUR LES

MACHINES SOUFFLANTES

PAR

ED. DENY

Ingénieur

Chef de fabrication aux Forges de Monterhausen

Ancien Élève
de l'École d'Arts et Métiers de Châlons

PARIS

IMPRIMERIE DE L'ÉCOLE CENTRALE DES ARTS ET MANUFACTURES

ET DE LA SOCIÉTÉ DES ANCIENS ÉLÈVES

DES ÉCOLES D'ARTS ET MÉTIERS

J. DEJEY & Cie

LIBRAIRES-ÉDITEURS

18, RUE DE LA PERLE, 18

1874

ÉTUDE

SUR LES

MACHINES SOUFFLANTES

I. Travail moteur et travail résistant dans les machines soufflantes.

Anciennement, dans les usines à fer, on n'hésitait pas à sacrifier, dans les machines, l'économie de combustible à la plus extrême simplicité de construction; en même temps que ce principe s'enracinait, l'expérience venait apprendre aux maîtres de forges combien pèse lourdement, sur le prix de revient, la consommation de charbon des machines et les frais supplémentaires que cette consommation entraîne.

Puis, vint l'utilisation des flammes perdues des fours qui permit d'obtenir, gratuitement, la vapeur en quantité suffisante à l'alimentation des moteurs; ce progrès économique laissa en suspens la question de consommation de combustible dans les machines.

Mais, maintenant que, par les systèmes Ponsard et Siemens, les flammes perdues des fours trouvent un emploi plus avantageux que celui de la production de vapeur, le problème vient se poser de nouveau, et sa solution a acquis aujourd'hui une importance beaucoup plus considérable qu'anciennement, autant en raison de la puissance des moteurs qui ne cesse de s'accroître, que du prix des charbons qui s'élève tous les jours.

Il en est de même pour les souffleries si puissantes des nouveaux fourneaux que l'on construit.

L'utilisation du gaz des hauts-fourneaux, pour la production de la vapeur consommée par ces machines, fut un grand progrès; mais elle ne s'arrêta pas là, elle s'étendit encore au grillage du minerai et surtout au chauffage de l'air injecté.

La température donnée à cet air, de très-faible qu'elle était dans les commencements de l'application de l'air chaud, n'a pas cessé d'augmenter; les appareils de chauffage se sont perfectionnés en même temps que les maîtres des forges s'enhardirent, et aujourd'hui, non-seulement les appareils Whitwell sont devenus le complément de toutes les nouvelles installations de hauts-fourneaux; mais encore on ne craint plus de leur demander les températures les plus élevées qu'ils soient capables de produire.

Mais, c'est au détriment du gaz des chaudières que l'on arrive à communiquer à l'air chaud ces températures élevées, qui ont permis de réduire, dans des limites si importantes, la consommation de combustible dans les fourneaux. Comme conséquence immédiate, cette réduction de combustible conduit à une diminution très-sensible de la valeur calorifique des gaz; aussi arrive-t-il souvent que, pour entretenir les appareils à air chaud à un degré de chaleur de l'intensité désirée, on y emploie la plus grande partie du gaz, et l'on est forcé de recourir à la houille pour le chauffage des chaudières.

En tous cas, il est permis d'espérer qu'un progrès métallurgique amènera quelque jour l'utilisation complète, dans le haut-fourneau, du combustible qui y est chargé; dès lors, plus de gaz utilisable.

Pour les souffleries encore, on est aussi amené à produire la vapeur directement et à rechercher le type de moteurs qui peut en tirer le plus grand effet utile.

Comme je le disais précédemment, dans les usines métallurgiques les plus importantes, les souffleries sont actionnées par de puissantes machines qui, pour être économiques, doivent être appropriées au genre de travail qu'elles ont à produire.

Ces machines se présentent sous une infinité de types, différant entre eux par la position relative de leurs organes, et par le mode d'aspiration et de refoulement de l'air dans les cylindres à vent.

Généralement, chacun de ces types a des avantages et des défauts qui, superficiellement, semblent se balancer; ce qui fait que les maîtres de forges s'exagérant les uns ou les autres, suivant le point de vue sous lequel ils se placent, n'ont pu encore se mettre d'accord sur le meilleur système de souffleries.

Bien des considérations, en effet, sont à faire entrer en ligne de compte : les prix d'achat et d'entretien, la durée, le rendement, l'emplacement, etc..., et elles sont loin de se concilier toutes d'une façon satisfaisante.

Envisageant la question plus spécialement, au point de vue du rendement, pour apprécier la valeur de l'un quelconque de ces systèmes, il est certains points à accepter qu'il est facile d'établir. Ainsi, sous le rapport de la simplicité de construction, du travail absorbé par le frottement des garnitures de piston, et des pertes de vent par ces garnitures, dans une soufflerie, un seul cylindre à vent est préférable à plusieurs.

En effet, à course égale, une soufflerie composée de n cylindres à vent, de diamètre d, devra, pour débiter autant de vent qu'une soufflerie à un seul cylindre de diamètre D, répondre à la condition :

$$\frac{\pi D^2}{4} = \frac{\pi d^2 n}{4}$$

d'où $\quad D = \sqrt{n d^2} = d \sqrt{n}$

Mais les frottements et les fuites sont proportionnels aux périmètres des pistons qui sont respectivement pour chacun de ces cas :

$$c = \pi d . n$$

$$C = \pi D = \pi d \sqrt{n}$$

d'où

$$\frac{C}{c} = \frac{\pi d \sqrt{n}}{\pi d \, n} = \frac{\sqrt{n}}{n}$$

Ainsi, dans une soufflerie à quatre cylindres à vent, comme on en rencontre encore, les frottements des garnitures de piston et les fuites auxquelles ces garnitures donnent toujours lieu, sont deux fois plus élevés qu'ils ne le seraient avec un cylindre unique de section équivalente à celle des quatre cylindres réunis.

En Angleterre, quelques usines ont accepté ce principe : Dowlais, Ebbw-Wale, et n'ont pas craint, l'une et l'autre, d'employer des cylindres à vent de 3^m, 66 de diamètre et de course.

Quoique ces colossales souffleries ne soient pas de construction irréprochable, leurs propriétaires s'en disent satisfaits; celle de Dowlais a été construite en 1851, et celle d'Ebbw-Wale en 1866.

En France, on ne croit pas qu'il soit prudent d'établir des machines soufflantes de cette énorme puissance; on leur préfère généralement des machines plus faibles, dans lesquelles le service et les réparations sont beaucoup plus faciles, et les arrêts bien moins préjudiciables aux fourneaux; mais, cependant, on ne craint pas d'atteindre pour diamètre de cylindre à vent 3 mètres.

Quand on arrive à des souffleries de cette puissance, la direction verticale ou horizontale du cylindre à vent n'est pas indifférente; elle est autant le résultat des considérations d'ensemble de la construction que des considérations locales; et presque toujours, la position verticale l'emporte; avec elle, en effet, l'on n'a pas à s'occuper des frottements de lourds pistons (1), l'usure des garnitures est faible et uniforme, ainsi que celle du cylindre, mais cette position entraîne presque toujours avec elle la verticalité du moteur, disposition moins favorable que la position horizontale au montage facile, à la visite, à l'entretien et au graissage des pièces mobiles plus ou moins accessibles.

Il existe cependant quelques usines, Hayange entre autres, dans lesquelles la position horizontale des cylindres à vent est préférée à la position verticale, quoique le diamètre intérieur de ses cylindres atteigne 2ᵐ,750.

C'est à l'aide d'un artifice assez simple de construction que l'on y est parvenu à rendre irréprochable le fonctionnement de pistons de si grands diamètres dans des cylindres horizontaux.

En plaçant une glissière à l'avant et une autre à l'arrière du cylindre à vent, et en rendant mobiles les garnitures de la tige du piston dans les fonds du cylindre (fig. 1), on arrive à ne donner, pour points d'appui à cette tige, et cela sur toute la longueur de sa course, que chacune de ses deux extrémités reposant sur les glissières. De la sorte, la flèche prise par la tige, sous le poids du piston qui est en son milieu, demeure constante en chacun des points de son parcours, et il suffit, à l'aide de vis de réglage disposées sous les patins des coulisseaux, de relever les extrémités de cette tige de toute la hauteur de la flèche, de telle façon que l'axe du piston vienne coïncider avec l'axe du cylindre, pour que cette coïncidence ne cesse d'exister en quelque point que ce soit de la course; ce seront les garnitures des fonds de cylindre qui se déplaceront à mesure que l'amplitude de la flèche décroîtra ou augmentera par l'effet du rapprochement ou de

_____

(1) Dans la soufflerie Cockerill, dont il sera parlé plus loin, le poids du piston soufflant et de sa tige dépasse 4,600 kilogrammes.

l'éloignement des coulisseaux, des fonds du cylindre (1).

Nous ne pouvons, sans examiner en détail ce qui se passe dans un cylindre à vent, pendant l'instant qui précède la période de refoulement et celui qui le suit, nous rendre compte

Soufflerie horizontale Hayange.

Glissière d'arrière

Diam. piston à vent 8ᵐ 75
Course 2ᵐ C 2ᵐ

Fig. 1.

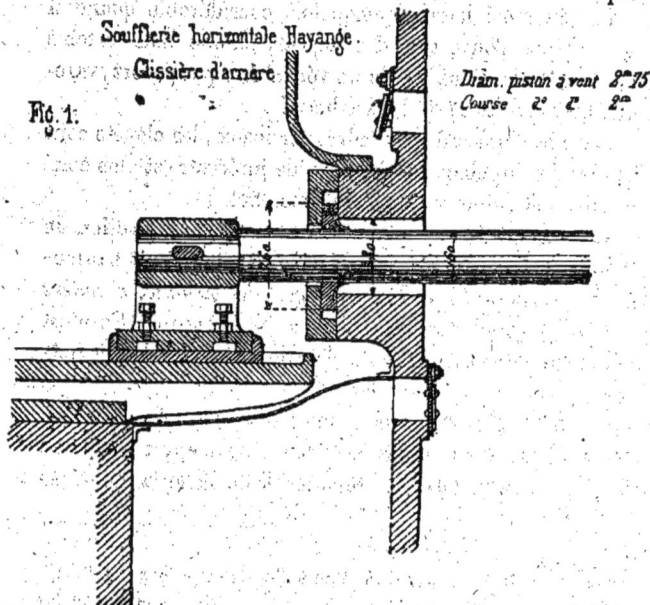

de l'obligation existant pour les souffleries de leur donner un moteur spécialement approprié.

Que le cylindre à vent soit horizontal ou vertical, quand

---

(1) Dans les souffleries horizontales des forges de Wendel, le piston à vent est en tôle, embouti et rivée sur un croisillon en fer calé sur la tige; un revêtement en bois sert en même temps à fixer les cuirs formant la garniture du piston, et à réduire l'espace mort compris entre ce piston et les fonds du cylindre.

Ce piston est porté par une tige pleine en fer, de 160 millimètres le piston est arrivé à fond de course, il laisse, entre lui et le fond du cylindre, un certain jeu rempli d'air comprimé à la pression du réservoir; cet air, n'étant plus refoulé hors du cylindre, par suite de l'arrêt du piston, y reste confiné.

Le jeu ainsi laissé (quelquefois considérable quand il est exigé par l'ouverture des clapets, comme dans certains cylindres horizontaux), crée un véritable espace mort, rarement inférieur au 1/20 de la cylindrée.

Dans la plupart des cylindres verticaux, les clapets sont disposés sur des chapelles dont le vide intérieur est plus considérable encore, et produit le même effet.

En rétrogradant, le piston est donc soumis à l'action de cet air comprimé qui ira, en se détendant, jusqu'à être ramené à la pression atmosphérique, *après les quelques premiers centimètres* de ce parcours rétrograde du piston. Ce n'est qu'à partir de cet instant que peuvent s'ouvrir les clapets d'aspiration.

Tandis qu'à l'origine de sa course rétrograde, le piston est poussé sur l'une de ses faces par l'air comprimé qui se détend, son autre face doit refouler devant elle la cylindrée

---

de diamètre; il est à peu près situé au milieu de cette tige, et lui communique une flèche d'environ 15 millimètres, quand elle repose sur ses deux extrémités. C'est de cette quantité que sont relevés, à l'aide de vis de réglage, les patins sur les coulisseaux, et, par suite, le centre du piston.

La garniture ou obturation, à la traversée des fonds du cylindre par la tige, est obtenue tout simplement par une couronne en bois sur laquelle est clouée une rondelle en cuir, recourbée de telle façon, que la pression de l'air appuie le bord libre du cuir contre la tige qui traverse cette rondelle (fig. 1).

L'ensemble de cette garniture, très-légère, est maintenu dans une sorte de boîte boulonnée après les fonds du cylindre, et peut y jouer librement dans le sens vertical, pour suivre la flèche, correspondant à chacune des sections transversales de la tige.

d'air aspirée précédemment. Cette cylindrée d'air exige, avant toute évacuation dans le réservoir, un certain travail préalable de compression qui, en réduisant son volume, doit l'amener à la même tension que celle de l'air renfermé dans le réservoir. Ce n'est que lorsque ce degré de compression sera atteint, que les clapets de refoulement, en s'ouvrant, livreront écoulement à l'air comprimé; mais, le travail de compression développé est allé en croissant avec la pression de la cylindrée d'air qui, de nulle qu'elle était à l'origine de la course, a atteint son maximum au commencement de l'évacuation, pour demeurer constante pendant toute sa durée; il en est de même du travail de refoulement.

C'est ce qu'il est facile de constater, en relevant un diagramme pendant une course de piston sur un cylindre à vent quelconque.

Dans le diagramme (fig. 2), ainsi obtenu, la pression

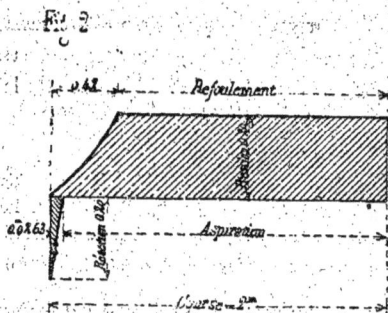

Fig. 2.

effective de l'air était de 20 centimètres de mercure, et l'espace mort 1/20 du volume de la cylindrée.

Il est essentiel de remarquer la poussée à laquelle est soumis le piston à vent, dès son départ (poussée si souvent négligée, et due à l'air comprimé remplissant l'espace mort du cylindre); le développement progressif de la pression, au commencement de la période de refoulement, pendant que se comprime la cylindrée d'air, et enfin la constance de la pression et par conséquent du travail à développer pendant toute la durée de l'évacuation qui, pour ce cas, est un peu supérieure aux 3/4 de la course.

Pour fournir aux énormes souffleries modernes, le travail nécessaire à la compression des masses d'air, sur lesquelles elles agissent, le moteur à vapeur est le seul possible comme permettant seul de réaliser toute la puissance voulue dans un endroit donné.

La simplicité qui, dans des constructions si coûteuses s'impose, vient en dicter, pour ainsi dire, l'agencement des organes, et les réduire à leur plus simple expression ; c'est ainsi, que l'emploi d'un seul cylindre à vapeur, par cylindre à vent, est si généralement adopté, et presque toujours il est placé de telle sorte, que le piston à vent soit directement attaqué par le piston à vapeur.

Passons maintenant à l'étude du travail de la vapeur dans les machines soufflantes, pour arriver à en déduire les meilleures conditions d'emploi.

La première condition économique à réaliser est évidemment l'application d'une détente aussi étendue qu'il est raisonnable de le faire (1).

Pour mieux fixer les idées, choisissons pour exemple une machine à condensation, devant fournir du vent à une pression effective de $0^m,20$ de mercure, en actionnant un piston à vent de $2^m,75$ de diamètre et 2 mètres de course ; en admettant que la pression de la vapeur employée soit de 6 kil. (pression bien rarement dépassée en pratique).

Le maximum d'effet utile, comme travail de la vapeur à

---

(1) Il faut que la pression de la vapeur, à la fin de la course du piston, dépasse la contre-pression, suffisamment pour faire équilibre à toutes les résistances passives de la machine marchant à vide.

une pression initiale de 6 kilog. correspondant pratiquement à une détente comprise entre 1/6 et 1/7; mais très-voisine de 1/6 que nous adopterons.

Supposons encore, que l'attaque du piston à vent se fasse directement par le piston à vapeur.

Si nous construisons le diagramme (fig. 3), donnant simultanément l'action du vent et celle de la vapeur, sur leur piston

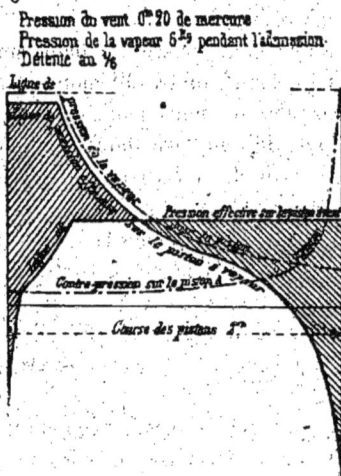

Fig 3.

Pression du vent 0ᵐ.20 de mercure
Pression de la vapeur 6ᵏ·⁹ pendant l'admission
Détente au ⅙
Ligne de

respectif, nous remarquerons d'abord que la pression de la vapeur est à son maximum, pendant les premiers instants de la course, alors que la pression du vent est à son minimum; et ensuite, qu'à la pression maxima du vent correspond la pression minima de la vapeur (1), dans les derniers instants de la course des pistons.

_____

(1) Le diagramme relatif à la pression de la vapeur indique que, par une avance, à la fermeture d'échappement, la contre-pression de la

Dans ces deux diagrammes, les courbes de pression (fig. 3) viennent se couper assez loin de l'origine de la course, ce point de rencontre donne l'instant pour lequel il y a égalité entre l'action de la vapeur et celle du vent sur les pistons conjugués. Pendant toute la partie de la course qui précède cet instant, c'est le travail moteur qui est en excès sur le travail résistant; et à partir de cet instant, c'est au contraire le travail résistant qui excède le travail moteur de toute la quantité dont précédemment le travail moteur surpassait le travail résistant.

La quadrature de la surface des diagrammes, représentant ces excès alternatifs du travail moteur et du travail résistant, l'un sur l'autre, nous donne environ, pour chacun, 12,000 kgm. qui doivent être tour à tour emmagasinés et restitués par l'inertie des pièces mouvantes de la machine; or, par rapport au travail résistant, qui est d'environ 28,000 kgm., si l'on ne tient compte des résistantes passives développées pendant le mouvement, cette quantité de travail, alternativement en excès et en défaut, est considérable, et exige, pour être absorbée, de très-grandes masses mobiles si l'on ne veut tomber dans une vitesse excessive des organes en mouvement.

Ainsi, si cette machine devait (comme il en existe encore tant), n'avoir comme pièces mobiles que ses pistons et leurs tiges qui donneraient un poids d'environ 4,000 kilos, partant du repos, ces pièces acquièreraient, sous l'action de l'excédant du travail moteur développé, une vitesse que nous pouvons déduire de :

$$T_m = \frac{M V^2}{2} = \frac{P V^2}{2 g}$$

---

vapeur est amenée, dans le cylindre, à la pression des chaudières, avant l'admission de vapeur nouvelle.

d'où

$$V = \sqrt{\frac{T_m \times 2g}{P}} = \sqrt{\frac{12{,}000 \times 19{,}61}{4{,}000}} = 7^m{,}75$$

A cause de la simplicité extrême d'une machine ainsi construite, une vitesse de pistons aussi exagérée pourrait encore passer si elle n'avait sur l'admission de l'air et de la vapeur les conséquences les plus graves, par suite des dépressions qu'elle engendre.

Ainsi, dans la construction des cylindres à vapeur de fort diamètre, les lumières d'admission de vapeur atteignent à peine $1/20^e$ de la surface du piston; dans ces conditions et avec la vitesse de $7^m{,}75$ du piston, la vitesse de la vapeur, au passage des lumières, serait: $20^m \times 7^m{,}75 = 155$ mètres, au lieu de 30 mètres, regardée en pratique comme une limite maxima que l'on ne peut dépasser sans qu'il en résulte une perte très-sensible de pression de la vapeur.

Dans les cylindres à vent, on donne à l'aspiration une surface qui atteint le $1/5$ de celle du piston; avec la vitesse de $7^m{,}75$ de ce piston, la vitesse d'entrée de l'air dans le cylindre serait:

$$5^m \times 7^m{,}75 = 38^m{,}75$$

vitesse considérable, trop nuisible au rendement pour être acceptée.

Dans une bonne soufflerie, cette vitesse est inférieure à 10 mètres.

Pour ne pas dépasser les vitesses d'entrée de vapeur et de vent reconnues maxima pratiques, les pistons conjugués ne devraient pouvoir prendre une vitesse supérieure à 2 mètres, et alors le travail qu'ils pourraient emmagasiner ne serait plus que:

$$T = \frac{P}{2g} V^2 = \frac{4{,}000 \times \overline{2^m}^2}{2 \times 9{,}81} = 810 \text{ kgm. environ.}$$

On conçoit facilement qu'une machine ainsi établie soit peu susceptible d'utiliser la détente de la vapeur ; aussi, dans les machines de ce type, la détente qui y est pratiquée est-elle insignifiante ; et la vapeur y est-elle toujours admise à la faible pression de 1 à 2 kilog., ce qui est assez rationnel, puisque cette vapeur doit être rejetée hors du cylindre à une pression à peine inférieure à celle qu'elle possédait à son entrée.

Au lieu de pistons attelés l'un à l'autre, on rencontre fréquemment, dans cette classe de souffleries, les deux pistons à vent et à vapeur disposés chacun à l'une des extrémités d'un balancier.

Cette disposition, très-usitée dans les vieilles souffleries anglaises, quoique conservant toujours le caractère de la plus extrême simplicité, est assez commode, en ce qu'elle permet de trouver sur le balancier des points d'attache pour la commande des pompes et du condenseur dont ces machines sont généralement pourvues.

Dans ces dernières années, le journal anglais *The Engineering* publiait le dessin de deux souffleries de ce système venant d'être construites en Angleterre ; seulement, dans ces machines, la vapeur était admise d'abord à pleine course dans un petit cylindre, de 1^m,143 de diamètre, situé d'un côté du balancier dont l'autre extrémité attaquait un piston à vent de 2^m,540 de diamètre et 3^m,660 de course ; puis, cette vapeur se rendait dans un cylindre de 1^m,676 de diamètre pour s'y détendre. Ce plus grand cylindre à vapeur était aussi situé du même côté d'un second balancier que le petit cylindre à vapeur, et à l'autre extrémité de ce balancier se trouvait un second cylindre à vent de 2^m,540 de diamètre et 3^m,660 de course, semblable à l'autre. Cette machine était à condensation, et devait prendre sa vapeur à une tension initiale de 1^k,50 environ pour la rejeter au condenseur après l'avoir

2

détendue et amenée à la tension finale de $0^k,69$ environ.

Cette application du système Woolf, pour obtenir un si mince résultat économique au prix d'une disposition si coûteuse, nous prouve assez combien ce type de souffleries est incapable d'utiliser la détente de la vapeur, mais à cet important défaut vient s'en ajouter un autre, tout aussi grave, et qui provient de ce que les longueurs de course des pistons n'y sont pas invariables.

En effet, dans ces machines, la distribution se fait ordinairement à l'aide de soupapes de Cornwail alternativement soulevées par une tringle (généralement une tige de piston de pompe), conduite par le balancier et portant des tocs réglés à volonté et disposés de telle sorte, qu'aux extrémités de course, ces tocs ouvrent, d'un côté du piston à vapeur, la soupape de décharge, et de l'autre côté, la soupape d'admission, après que la fermeture de la soupape d'évacuation a été opérée; la durée de l'ouverture de la soupape d'admission est presque toujours donnée par le jeu d'une cataracte.

Or si, comme cela se produit souvent, en raison soit d'une diminution de la pression du vent dans son réservoir, soit d'une augmentation de tension de la vapeur, soit de ces deux causes réunies, le travail moteur, développé dans une course, devient supérieur au travail résistant, tout cet excès de travail se traduira, aux fins de course, en force vive possédée par les pièces mobiles, force vive qu'il faudra détruire pour obtenir du jeu des soupapes le changement de marche des pistons. Le coup de vapeur, déterminé par l'introduction, ne suffit pas toujours pour produire l'arrêt instantané des pistons, et souvent, ils doivent parcourir encore un certain espace, en marchant à contre-vapeur, pour user cette force vive et éteindre leur mouvement.

Si l'on ne vient immédiatement régler la durée de l'admission, les causes d'accélération, qui ne cessent de croître à chaque coup, augmenteront de plus en plus le parcours à contre-vapeur qui finirait, quel que soit le jeu laissé entre les fonds de cylindres et les pistons à fin de course, par les défoncer s'ils n'étaient protégés par des heurtoirs portés soit par les tiges, soit par les pistons, soit encore par les têtes de balancier (dans les machines qui en sont pourvues), venant butter sur des arrêts élastiques qui limitent ces courses désordonnées.

Mais alors, c'est sur le bâtiment de la machine que se reportent les chocs violents qui ont lieu, chocs non-seulement désagréables, mais qui, encore, finissent par ébranler toute la construction.

Les souffleries de ce système doivent donc être absolument proscrites dès que l'on recherche une marche économique; ce n'est que dans les districts houillers, où l'on était encombré de charbons menus invendables, que leur extrême simplicité a pu en favoriser l'emploi.

Poursuivons, sur l'exemple choisi précédemment, l'examen de l'influence d'un volant dans les pièces mobiles, devant absorber, par force vive, l'excédant de travail moteur développé pendant la première partie de la course.

Et d'abord, constatons que l'emploi d'un volant entraîne celui d'un arbre de couche commandé par une bielle; c'est non-seulement une complication de machine, mais encore une cause de délicatesse introduite par les articulations qui vont exister et qui exigeront un entretien continu; ensuite, à cause de ce volant, l'accélération produite, durant la première partie de la course, dans le mouvement des pistons abandonnés à eux-mêmes, va avoir lieu suivant une toute autre loi, maintenant qu'ils sont liés à un volant.

Cette loi de mouvement est facile à établir, en supposant d'abord au volant un mouvement uniforme et une vitesse de 20 tours par minute.

Il suffit de prendre pour abscisses, à une certaine échelle

(fig. 4), le chemin rectifié décrit par le bouton de manivelle, et de prendre pour ordonnées les chemins correspondants parcourus par les pistons depuis l'origine de leur course ; en reliant ces ordonnées par une courbe continue, nous obtiendrons la loi qui lie les mouvements de la manivelle à ceux

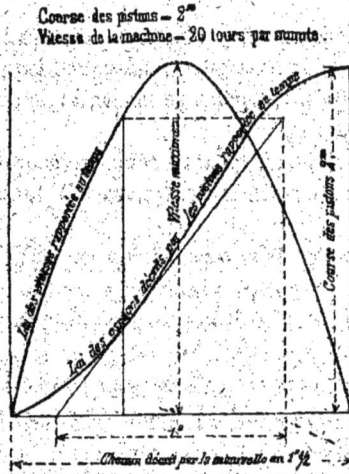

Fig. 4.

Course des pistons — 2ᵐ
Vitesse de la machine — 20 tours par minute.

des pistons, et comme nous avons supposé uniforme le mouvement du volant, celui de la manivelle l'est également, la ligne d'abscisse de cette loi peut représenter les temps, et, dès lors, cette courbe nous représente encore la loi de liaison des espaces parcourus par les pistons avec les temps employés à les parcourir.

Dans cette figure, l'ordonnée maximum représente la course qui est de 2 mètres, et l'abscisse représente le temps qui est $\dfrac{60''}{20} = 3''$ par tour ou $1'' \frac{1}{2}$ par course.

Aidé de cette loi d'espace, il est facile de trouver la vi-

tesse des pistons en un point quelconque de leur course ; il
suffit de supposer qu'à partir de ce point le mouvement
devient uniforme, auquel cas la loi d'espaces deviendrait
tangente, en ce point, à la loi trouvée.

Dans ce mouvement uniforme $v = \dfrac{e}{t}$; si $t = 1''$, $v = e$;

la vitesse est donc donnée par l'espace parcouru en 1 seconde ;
il suffit alors de prendre pour abscisse une longueur représentant $1''$, à partir du point de rencontre de cette tangente
avec l'axe d'abscisse.

L'ordonnée correspondant à cette longueur d'abscisse, et
limitée à son point de rencontre avec la tangente, donne
cette vitesse.

En faisant une série de recherches semblables, et portant
les vitesses trouvées sur les ordonnées correspondant à chacun des points de la loi des espaces sur laquelle on a opéré,
puis, réunissant les extrémités de ces ordonnées par une
courbe continue, on aura dans cette courbe la loi des vitesses avec lesquelles l'espace parcouru par les pistons s'est
effectué.

Cette dernière loi nous montre que la vitesse des pistons
atteint son maximum au milieu de leur course, et que dans
l'exemple choisi elle est de 2 mètres.

C'est bien ce qui arriverait si le mouvement du volant
n'était soumis à aucune perturbation et demeurait uniforme ;
mais nous avons vu qu'il doit transformer en force vive un
travail de 12,000 kilogrammètres environ ; or, ce travail doit
être absorbé pendant la première partie de la course des
pistons, c'est-à-dire avant que l'effort résistant ne surpasse
l'effort moteur, ce qui a lieu aussi vers le milieu de la course.
Donc, la vitesse du volant devra atteindre son maximum
dans cet instant, et ce maximum dépassera d'autant plus la
vitesse normale que l'inertie de ce volant sera plus faible.

Le maximum de la vitesse des pistons, lié à celui de la vitesse du volant, deviendra supérieur à 2 mètres, chiffre que l'on ne saurait dépasser sans nuire au rendement de la machine, et qui, toutefois, doit être atteint en marche normale pour faire rendre au moteur tout le travail utile dont il est capable.

Nous pouvons nous proposer de déterminer le volant à appliquer à cette machine, en lui imposant la condition de ne pas dépasser, dans sa plus grande vitesse, les 21/20mes de sa vitesse normale, et en lui supposant un diamètre de 6 mètres.

La vitesse normale de sa couronne serait :

$$\frac{\pi D \times 20 \text{ tours}}{60} = \frac{3,14 \times 6 \times 20}{60} = 7^m,28 ;$$

et sa vitesse maxima :

$$7^m,28 + \frac{7^m,28}{20} = 7^m,644.$$

Pour emmagasiner les 12,000 kilogrammètres d'excédant de travail moteur, le poids P de cette couronne devra être tel, que l'on ait :

$$T_m = \frac{P}{2g}(V_1^2 - V^2)$$

c'est-à-dire :

$$12,000^{kgm} = \frac{P}{2 \times 9.81}(7.644^2 - 7.28^2)$$

d'où

$$P = \frac{12,000 \times 2 \times 9.81}{5,4} = 44,500^{kg}.$$

Un tel poids de volant est évidemment excessif pour un degré de régularisation aussi faible ; mais on ne doit pas en être surpris quand on ne possède qu'une si faible vitesse de rotation pour absorber un travail aussi considérable; cela fait comprendre jusqu'à un certain point que l'on puisse reculer devant l'adoption de détentes si étendues, surtout si l'on songe que, non-seulement le volant, mais encore presque toutes les autres pièces de la machine doivent recevoir un poids relativement aussi exagéré, par suite de l'effort initial de la vapeur auquel elles sont soumises.

C'est ainsi que la grosse machine soufflante de Dowlais, admettant la vapeur à la pression de 4 atmosphères, ne fonctionne qu'à la détente de 1/3; elle fait 16 tours par minute, et le poids de son volant est de 35 tonnes, le diamètre du piston à vapeur est de $1^m,40$, et sa course est de $3^m,965$.

Dans la machine d'Ebbw-Wale, fonctionnant à 17 tours, le diamètre du piston à vapeur est de $1^m,83$, sa course de $3^m,66$, la vapeur y est admise seulement à 2^{atm} 3/4 de pression, la détente doit être d'environ 1/3. Le poids de son volant, qui primitivement était de 8,000 kilos, a dû être porté à 40,000 kilos, pour s'opposer aux variations trop considérables de la vitesse dans un tour.

Dans ses 4 souffleries verticales, à action directe, de $2^m,75$ de diamètre de piston à vent, $1^m,20$ de diamètre de piston à vapeur, et 2 mètres de course commune, le Creusot admet la vapeur à $5^k 1/4$, pour la détendre au 1/4, en marchant à une vitesse de 14 tours, avec un volant de 40,000 kilos.

Il n'existe pas, je crois, d'exemples de souffleries puissantes dans lesquelles la détente soit poussée aussi loin que 1/6. Doit-on en conclure que ce degré de détente soit pratiquement inabordable, ou plutôt, ne faut-il pas chercher dans l'agencement des organes, certaines dispositions permettant de tourner la difficulté.

Il suffit de jeter les yeux sur le diagramme (fig. 3), donnant les pressions simultanément exercées par le vent et la vapeur sur leur piston respectif, pendant une course, pour reconnaître que dans ces machines, la pierre d'achoppement des longues détentes réside tout entière dans l'excès de travail moteur développé avant qu'il y ait égalité entre l'effort *puissant* et l'effort *résistant*, et que dans une machine, réduire cet excédant de travail, c'est permettre une augmentation correspondante dans le degré de détente possible avec des organes d'une force donnée.

Or, plusieurs moyens, plus ou moins efficaces, viennent s'offrir pour diminuer, dans la période accélérée de la course des pistons, l'excédant de travail moteur développé.

En premier lieu, remarquons que si l'on fait en sorte que l'origine des courses du piston à vent et du piston à vapeur ne coïncide plus au même instant, que l'on arrive à ne faire partir le piston à vapeur que lorsque le piston à vent fonctionnera en pleine charge (fig. 5), l'excédant de travail moteur sera diminué de la différence qui existe entre le travail résistant, pendant le refoulement de l'air dans le réservoir, et celui de compression de la cylindrée d'air durant la longueur de course en avance du piston à vent.

Mais, en construction, un tel déplacement d'origine de course des pistons à vent et à vapeur est souvent impossible à réaliser sans entraîner à d'énormes complications, que le résultat obtenu est loin de racheter; ce n'est guère praticable que dans les machines horizontales dont l'arbre de couche est attaqué à une extrémité par une manivelle attelée au piston à vapeur, et commande par l'autre extrémité la manivelle du piston à vent.

Alors, il suffit de caler la manivelle du piston à vent, en avance sur la manivelle du piston à vapeur, d'une quantité telle que l'écoulement de l'air comprimé ait lieu du cylindre à vent dans le réservoir, quand l'admission de la vapeur commence, et que, par conséquent, le piston à vapeur va commencer sa course.

Dans les souffleries lançant le vent à une pression de 0^m,20 de mercure, cette disposition correspond à un minimum d'angle d'avance de 54 degrés, et, dans l'exemple choisi, elle donnerait lieu à une diminution de l'excédant de travail moteur, dans la période accélérée de la course, d'environ 3,000 kgm, soit à peu près du quart (fig. 5).

En second lieu, rappelons-nous que le système des machines Woolf à deux cylindres se prête mieux à une détente

Fig. 5.

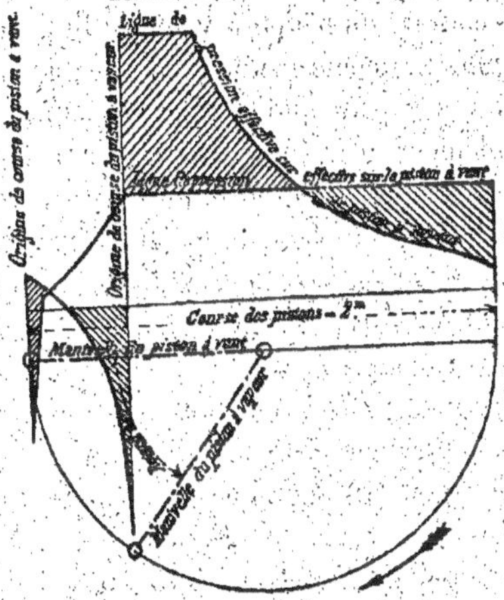

Pression du vent 0m20 de mercure
Pression de la vapeur 6kg pendant l'admission
Détente au 7/8

Course des pistons = 2m

étendue que les machines à un seul cylindre; l'effort du moteur y est moins inégal, ce système doit donc pouvoir nous fournir un excellent moyen (quelquefois un peu coûteux, mais toujours applicable), de réduire non-seulement l'excédant de travail moteur développé dans la période accélérée de la course des pistons, mais encore l'effort initial de la vapeur sur les pièces qui y sont soumises pendant les premiers instants de la course des pistons.

Seulement, l'application de deux cylindres Woolf ne

suffit pas pour tirer de ce système le parti le plus avantageux, il faut encore qu'il existe dans ces cylindres une certaine répartition de la détente qui n'est pas indéterminée et
qui doit être faite de telle façon, que l'effort initial de la vapeur, agissant simultanément sur les deux pistons, soit un minimum pour un travail et une détente donnés.

Pour déterminer cette répartition de la détente dans
chacun des deux cylindres, appelons :

P la pression de la vapeur avant sa détente ;

p_1 la pression de la vapeur après sa détente dans le petit
cylindre ;

p_2 la pression finale de la vapeur détendue ;

S la surface du grand piston ;

s la surface du petit piston ;

et posons :

$$\frac{P}{p_2} = a, \text{ d'où } p_2 = \frac{P}{a}$$

nous pourrons écrire :

$$p_1 s = p_2 S$$

d'où

$$\frac{p_1}{p_2} = \frac{S}{s}$$

et

$$S = \frac{p_1 s}{p_2}, \text{ posons encore } \frac{p_1}{p_2} = x$$

alors

$$p_1 = x p_2 = \frac{x P}{a}$$

Soit M, l'action effective de la vapeur sur les deux pistons,
quand ils vont commencer leur course, nous aurons :

$$M = P s + p_1 S - p_1 s$$

Comme $S = \dfrac{p_1\, s}{p_2} = x\, s$, en remplaçant S par cette dernière valeur, dans l'égalité précédente, il viendra :

$$M = P\, s + \frac{x\, P\, x\, s}{a} - \frac{x\, P\, s}{a} = P\, s \left(1 + \frac{x^2}{a} - \frac{x}{a}\right)$$

Si nous désignons par v le volume de la vapeur admise à pleine pression dans le petit cylindre sur une longueur h de la course l de son piston, par V le volume du petit cylindre, nous pourrons écrire :

$$vP = Vp_1 \text{ ou } shP = slp_1$$

donc

$$\frac{s\, h}{s\, l} = \frac{p_1}{P} \text{ et comme } p_1 = \frac{x\, P}{a}$$

$$\frac{s\, h}{s\, l} = \frac{x}{a} \text{ ou } = \frac{v}{s\, l}$$

$$slx = av \text{ et } s = \frac{a\, v}{l\, x}.$$

Substituons dans la dernière valeur de M celle de s ainsi déterminée, il viendra :

$$M = \frac{P\, a\, v}{l\, x} \left(1 + \frac{x^2}{a} - \frac{x}{a}\right) = \frac{P\, v}{l} \left(\frac{a}{x} + x - 1\right)$$

Puisque $\dfrac{P\, v}{l}$ est une quantité constante, pour une quantité de travail déterminée, le minimum de la valeur de M correspond évidemment à celui de $\dfrac{a}{x} + x$.

Or, le minimum de cette somme aura lieu quand chacun de ses termes sera égal à la racine carrée du produit qu'ils donneraient, c'est-à-dire quand $\dfrac{a}{x} = x = \sqrt{\dfrac{a\,x}{x}} = \sqrt{a}.$

Donc la valeur de M sera minimum quand elle sera :

$$M = \frac{Pv}{l}\left(2\sqrt{a} - 1\right),$$

ce qui aura lieu quand

$$x = \frac{S}{s} = \frac{p_1}{p_2} \text{ sera égal à } \sqrt{a} = \sqrt{\frac{P}{p_2}},$$

C'est-à-dire quand

$$p_1 = p_2\sqrt{\frac{P}{p_2}} = \sqrt{P\,p_2}$$

et qu'alors p_1 est moyenne proportionnelle entre P et p_2.

Le maximum de M correspond aussi à celui de $\dfrac{a}{x} + x$, lequel aura lieu quand x sera lui-même maximum, or, le maximum de x, dans ce cas, ne peut être que :

$$x = a,$$

ce qui exige que toute la détente se fasse dans le grand cylindre, la valeur correspondante de M devient alors :

$$M = \frac{Pv}{l}(1 + a - 1) = \frac{Pva}{l}$$

mais

$$Pv = p_2 Sl \text{ et } a = \frac{P}{p_2}$$

donc

$$Pva = \frac{p_2 Sl\,P}{p_2} = Sl\,P$$

et

$$M = \frac{Pva}{l} = \frac{Sl\,P}{l} = SP.$$

Si, au lieu d'une machine à deux cylindres dans laquelle toute la détente de la vapeur s'opère dans le plus grand seulement, on prend une machine à un cylindre unique pour détendre au même degré le même volume de vapeur; ce cylindre unique devra avoir la même section que celle du cylindre le plus grand de la machine à deux cylindres (en supposant les courses des pistons égales dans ces deux machines).

Cela est évident, puisque dans chacune de ces deux machines le volume final de la vapeur détendue doit être le même, et que dans la machine à deux cylindres, ce volume doit être entièrement contenu par le grand cylindre de détente.

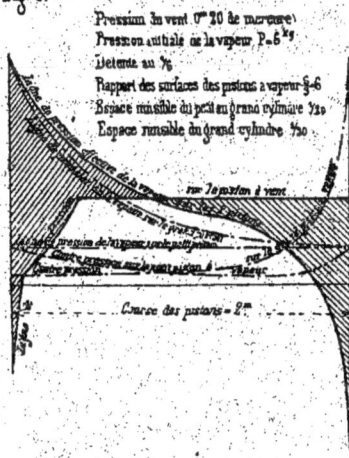

Fig. 8.

Il s'en suit que dans l'une et l'autre de ces machines, la pression de la vapeur, à l'origine de la course des pistons, serait PS, et par conséquent, que sous ce rapport, la machine à deux cylindres ne serait pas plus avantageuse que celle à un seul.

Mais, en examinant le diagramme (fig. 3), se rapportant à l'exemple choisi précédemment, nous reconnaissons que l'excédant de travail moteur, développé dans la période accélérée de la course, est bien moindre avec la machine à deux cylindres (fig. 6), qu'avec celle à un seul (fig. 3), tandis qu'il est d'environ 12,000 kgm avec un seul cylindre à vapeur, il n'est plus qu'à peu près 8,300 kgm avec deux cylindres, dont un seul détend ; et il ne serait que d'environ 7,500 kgm, si, comme le montre le diagramme (fig. 7), la

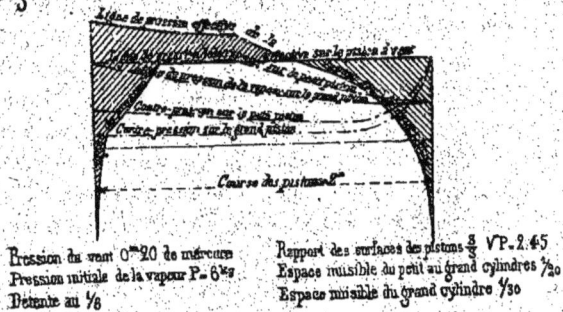

Fig. 7.

Pression du vent 0ᵐ20 de mercure   Rapport des surfaces des pistons $\frac{3}{5}$ VP. 2.45
Pression initiale de la vapeur P= 6^{kg} Espace nuisible du petit au grand cylindres $\frac{2}{20}$
Détente au $\frac{1}{8}$ Espace nuisible du grand cylindre $\frac{1}{30}$

détente était répartie dans les deux cylindres, de façon à donner la pression minimum au départ des pistons.

Enfin, il est encore possible d'enlever, à chacun de ces excédants de travail moteur, près de 3,000 kgm, en disposant ces machines de façon à pouvoir caler la manivelle du piston à vapeur assez en retard sur celle du piston à vent, pour que le départ du piston à vapeur n'ait lieu que lorsque la cylindrée d'air comprimé est refoulée dans le réservoir de vent.

Le diagramme (fig. 8), nous montre les circonstances

du travail dans une machine de ce genre dont les deux

Fig. 8.

Pression du vent 0^m20 de mercure   Détente au ⅚
Pression initiale de la vapeur P= 6^{kg}   Rapport des surfaces des pistons ⅘ =VP=2,45

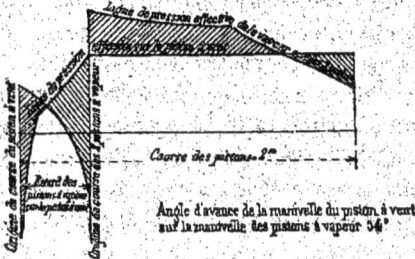

cylindres à vapeur se répartiraient également la détente.

Ce qu'il y a de remarquable dans les diagrammes (fig. 7 et 8), relatifs au minimum d'effort initial de la vapeur sur les deux pistons, c'est le faible excédant de cet effort initial (qui, cependant, est le plus élevé de ceux auxquels on arrive pendant la durée de la course), sur l'effort maximum du travail résistant qui a lieu pendant l'évacuation du vent hors du cylindre, et qui demeure constant pendant la plus grande partie de la course. Ainsi, tandis que les diagrammes de la machine à un seul cylindre (fig. 3 et 5), et de la machine à deux cylindres dont un seul détend (fig. 6), nous accusent un effort initial approchant de 40,000 kilos, les diagrammes (fig. 7 et 8) ne donnent, pour cet effort initial de la vapeur, que 23,700 kilos environ.

Dans chacun de ces diagrammes, l'effort maximum résistant est à peu près de 15,800 kilos.

Cela revient à dire que, pour le cas de ces diagrammes, l'effort maximum moteur est, dans la machine à un seul cylindre de détente, $\dfrac{40,000}{15,800} = 2,54$ l'effort maximum résistant; tandis que dans la machine à détente également répartie dans les deux cylindres, l'effort maximum moteur n'est que $\frac{23,700}{15,800} = 1,5$ de l'effort maximum résistant.

Or, on sera évidemment autant plus près d'atteindre le minimum de poids des pièces dans cette machine, que l'effort maxima moteur s'approchera plus de l'effort maxima résistant.

Donc, pour conduire un piston à vent, le système de machine Woolf, avec détente répartie également dans chacun des deux cylindres, réunit les meilleurs éléments d'appropriation, et toutes les conditions désirables seraient réalisées si, de plus, cette même machine était disposée de telle façon que, par suite du retard donné à la manivelle des pistons à vapeur, l'évacuation du vent, hors du cylindre, soit commencée quand le départ de ces pistons à vapeur aura lieu.

Firmy (dépendance de Decazeville), possède une soufflerie à détente Woolf, dans laquelle le petit cylindre reçoit la vapeur pendant toute la durée de la course de son piston.

Construite en 1847, par notre éminent camarade Cadiat, et n'ayant cessé de fonctionner depuis cette époque, elle est encore aujourd'hui un exemple remarquable de la douceur et de la régularité de marche que ce système permet d'atteindre, même en ne possédant pas l'égale répartition de la détente dans chacun des deux cylindres à vapeur.

Cette machine, représentée planches 3 et 4, est verticale et à condensation; elle reçoit la vapeur à une pression de $4^k,5$, et lance le vent à la pression de $2^m,200$ d'eau; elle fait 17 tours pour souffler 3 hauts-fourneaux de 20 à 25 tonnes de production journalière.

Les principales dimensions des organes de cette machine sont (1):

---

(1) Cette soufflerie verticale est suffisamment détaillée dans les

Diamètre du cylindre à vent . . . . . . 2^m,900
Course du piston soufflant . . . . . . 2 ,600
Diamètre du petit piston à vapeur . . . 0 ,666
Course de ce piston. . . . . 2 ,000
Diamètre du grand piston à vapeur . 1 ,165
Course de ce piston. . . . . 2 ,600
Longueur du balancier . . , ... 9 ,300
Diamètre du volant. . . . . 8 ,000
Poids du volant. . . . . 20,000 kilos.

Nous avons reconnu, si on se le rappelle, qu'à chaque commencement de course, le piston à vent reçoit de l'air emprisonné dans l'espace nuisible du cylindre, une poussée dont le maximum d'effet, dans les machines à rotation, correspond aux passages de la manivelle aux points morts; la bielle et la manivelle sont alors en ligne droite, et toute l'action de cette poussée se traduit en une augmentation de tension ou de compression due à la vapeur dans les pièces comprises entre le piston à vent et le volant.

La durée de cette poussée est excessivement courte, elle cesse dès que, par sa détente, l'air de l'espace nuisible est revenu à la pression atmosphérique; ainsi, dans notre exemple, l'espace nuisible étant le 1/20e du volume de la cylindrée, et la pression du vent étant de 0^m,20 de mercure,

---

planches 3 et 4 pour rendre inutile sa description. — Elle diffère essentiellement de la soufflerie horizontale (composée d'un cylindre à vent (diamètre 2^m,525) placé derrière un cylindre à vapeur et d'une tige commune aux deux pistons (2 mètres de course) portant des tocs de manœuvre du tiroir à vapeur), que des motifs de *rapidité* et d'*économie de construction* avaient fait établir à Décazeville par Cadiat.

Dans cette usine, à l'époque de la construction de cette soufflerie horizontale, on avait si peu à se préoccuper d'économie de combustible et de vapeur que des charbons menus invendables étaient jetés aux remblais.

la longueur de la course, pendant laquelle s'exerce cette poussée, peut être facilement déterminée en la tirant de l'égalité $Pv = P_1 v_1$, dans laquelle :

P est la pression de l'air comprimé dans l'espace nuisible (S étant la section du cylindre) ;

v le volume de l'espace nuisible $= \dfrac{S \times 2^m}{20}$;

P_1 la pression atmosphérique $= 0^m,76$;

v_1 le volume d'air compris dans l'espace nuisible, après que sa détente l'a ramené à la pression atmosphérique, ce qui correspond à un parcours x du piston à vent ;

$$(0^m,20 + P_1)\, v = P_1\, (v + Sx)$$

$$\frac{0^m,20\ S \times 2^m}{20} = Sx \times 0^m,76$$

d'où

$$x = \frac{0^m,20}{7,6} = 0^m,0263 \qquad \text{(fig. 2)}.$$

L'effort maximum, produit dans cette poussée, est égal à l'effort résistant pendant le refoulement de l'air hors du cylindre à vent dans le réservoir ; il serait d'environ 15,800 kilos dans notre exemple.

Ainsi donc, l'espace nuisible du cylindre à vent vient créer, à chaque passage de la manivelle du piston à vent au point mort, une poussée presque instantanée qui, lorsque la vapeur est admise dans ce même instant, s'ajoute à l'effort initial de cette vapeur, et amène l'effort moteur total à être compris entre $2,54 + 1 = 3,54$ l'effort résistant dans les machines à un seul cylindre de détente et $1,5 + 1 = 2,50$, ce même effort résistant maximum dans les machines à détente répartie dans deux cylindres à vapeur.

Non-seulement cette poussée donne lieu à une augmentation considérable du poids des organes sur lesquels elle et la vapeur agissent simultanément; mais encore, par son instantanéité d'action, elle peut produire sur ces organes les effets les plus désastreux.

Dans une machine, en effet, le mode de succession des efforts n'est pas sans influence sur la conservation des pièces qui y sont soumises, et l'on peut même dire que la source de destruction de ces pièces est tout entière dans les variations brusques de ces efforts; la dislocation est d'autant plus rapide que les variations instantanées sont plus grandes (1).

C'est principalement sur le bâtis, dans les machines horizontales, et sur les fondations, dans les machines verticales, que se reportent les effets destructeurs dus à l'ensemble de la poussée de l'air renfermé dans l'espace nuisible, et de la pression de la vapeur agissant dans le même sens pendant le passage de la manivelle aux points morts; parce que ces parties ont à supporter totalement ces efforts, et que ce sont celles qui, de toutes les pièces de la machine, présentent le moins d'élasticité.

La plupart des constructeurs de souffleries se sont préoccupés de ces effets; mais n'y ont remédié qu'en apportant du retard à l'introduction de la vapeur; ils ne font cette introduction que lorsque la pression de l'air a complétement disparu, c'est-à-dire quand le piston à vent a parcouru l'espace nécessaire pour ramener l'air comprimé à la pression de l'air atmosphérique.

---

(1) L'expérience prouve qu'après avoir résisté à des efforts de traction ou de flexion déterminés, les métaux se brisent à la longue sous l'action répétée de forces beaucoup moindres que leur résistance absolue; c'est-à-dire qu'ils ne sont capables de supporter qu'une quatité de travail finie; et que cette quantité de travail est en raison inverse de la force à laquelle on les soumet.

Outre l'inconvénient d'une dépense de vapeur pour remplir l'espace déjà parcouru par le piston, quand l'introduction commence, le retard à l'admission fait perdre encore tout le bénéfice que la compression finale de la vapeur (1) permet de retirer, dans les détentes étendues, puisque cette compression doit être abandonnée, si l'on veut atteindre le but que l'on se propose par le retard à l'admission ; mais de plus, au point de vue de la fatigue des principaux organes de la machine, c'est un expédient déplorable.

En effet, quand le piston à vapeur commence sa course, il crée derrière lui un vide que remplit en se détendant la vapeur qui se trouvait dans l'espace nuisible du cylindre, à la pression du condenseur ; pour vaincre la réaction due à ce vide, il faut que ce soit le volant qui conduise le piston, ce qui détermine soit une tension, soit une compression dans toutes les pièces servant d'intermédiaire entre ces deux organes. Que la vapeur admise vienne tout à coup établir sa pression à la place du vide qui réagissait sur le piston (comme cela arrive par la distribution à soupapes si fréquemment employée dans ces machines et si vicieuse, dans ce cas particulier), aussitôt une révolution dans le sens et l'intensité des efforts se produit depuis le piston jusqu'au volant ; trois effets se succèdent presque simultanément : d'abord, il y a retrait de ces pièces si elles étaient tendues, ou extension si ces pièces étaient comprimées ; ensuite, il y a rattrapage des jeux qui peuvent exister dans les articulations de ces pièces ; enfin, il y a contraction de ces mêmes pièces par l'effet de la compression, ou extension par l'effet de la traction.

Ces trois effets concourent au même résultat final, c'est-

---

(1) Voir *Études sur la distribution de la vapeur dans les machines*, page 366 de l'*Annuaire* 1870-1871.

à-dire qu'ils déterminent une course à vide dans toutes les articulations, course dont la longueur est en somme celle des chemins élémentaires dus à chacun d'eux en particulier.

Ces courses à vide, sous la pression du piston, déterminent autant de coups de bélier qui, souvent répétés, matent et écrasent peu à peu, dans les articulations, les surfaces des axes, des coussinets, etc., expulsent l'huile destinée à les lubrifier, et finalement donnent lieu à un entretien dispendieux.

Ajoutons enfin, que ce retard à l'admission, par la détente qu'il produit dans l'espace nuisible, augmente le refroidissement des surfaces qui vont se trouver en contact avec la vapeur, et provoque l'entraînement de l'eau de condensation de la conduite dans le cylindre, par suite de la grande vitesse avec laquelle la vapeur se précipite dans l'espace laissé vide par le piston.

Une réglementation si défectueuse se dénonce parfaitement, dans ces machines, par un choc violent qui correspond à l'instant de l'introduction de la vapeur; choc faussement attribué à l'ouverture des clapets d'aspiration, qui se produit aussi dans le même instant.

Il ne suffirait cependant que de donner, ici encore, un léger retard dans le calage de la manivelle du piston à vapeur, sur celle du piston à vent, pour empêcher la surcharge due à l'air comprimé dans l'espace nuisible du cylindre à vent, d'agir en même temps que la pression maxima de la vapeur; mais, pour que ce fût possible, il faudrait que la soufflerie possédât ces deux manivelles spéciales, ce qui est assez rare.

La solution générale la plus rationnelle que puisse recevoir ce problème est la suppression de cette surcharge à laquelle on peut arriver en provoquant la perte de pression de l'air renfermé dans l'espace nuisible avant que le piston à vent ne soit parvenu à la dernière limite de sa course.

Pour réaliser cette perte de pression, il suffit de faire porter par le piston à vent, et sur chacune de ses faces, un clapet appliqué sur son siége au moyen d'un ressort le maintenant fermé malgré les différences de pression existant de chaque côté du piston, et à l'aide d'un buttoir fixé sur chacun des fonds du cylindre à vent, de forcer ce clapet à s'ouvrir pendant le parcours des derniers centimètres de la course du piston.

Ce piston n'ayant plus de vitesse, l'ouverture de ce clapet se produit sans choc appréciable, et établit une communication entre l'aspiration et le refoulement dans le cylindre, à travers l'épaisseur du piston.

Par suite de cette communication, du côté du refoulement, la pression de l'air comprimé s'abaisse et devient inférieure à la pression de l'air du réservoir, les clapets de refoulement se ferment, et ce qu'il reste d'air de ce côté se rend de l'autre côté par le passage que lui offre le clapet ouvert, un équilibre de pression s'établit ainsi de chaque côté du piston, au dernier instant de sa course.

Et, dans l'espace nuisible, l'air qui y est demeuré, partageant cet équilibre, devient incapable de causer le moindre trouble, ni d'apporter la plus faible surcharge dans la marche de cette soufflerie.

Ainsi donc, pour obtenir un résultat aussi important, à l'aide de la disposition fort simple de deux clapets s'ouvrant en sens inverse à travers le piston à vent, il suffit de sacrifier les deux ou trois derniers centimètres de sa course, ce qui, sous le rapport de l'économie, est encore préférable au retard à l'admission de vapeur.

II. Souffleries à tiroirs.

Nous n'avons parlé jusqu'ici que de souffleries dans lesquelles l'aspiration et le refoulement sont obtenus par le jeu automatique de clapets, cédant aux pressions ou dépressions engendrées à l'intérieur du cylindre à vent par le mouvement du piston.

Quoique ce système soit le plus généralement employé, il n'est cependant pas le seul, et bien des usines, surtout en France, se servent de cylindres à vent, dans lesquels l'admission de l'air atmosphérique, et son expulsion hors du cylindre, dans le réservoir, sont réglés au moyen d'un tiroir prenant son mouvement sur le moteur lui-même, comme cela se fait pour la distribution de la vapeur dans les machines (1).

Dans la substitution des tiroirs aux clapets, le but que

---

(1) Le tiroir dit *à coquille* est presque exclusivement employé, c'est une sorte de petite caisse métallique rectangulaire, à rebords, destinée à laisser pénétrer l'air atmosphérique, tantôt d'un côté du piston, tantôt de l'autre ; et en même temps, à faire communiquer avec le réservoir d'air la partie du cylindre vers laquelle marche le piston. La face plane, qui est parfaitement dressée et rodée, s'applique sur une plate-forme également dressée et rodée, faisant corps avec le cylindre, et sur laquelle sont pratiqués trois orifices dont les deux extrêmes établissent la communication de l'atmosphère avec les extrémités du cylindre, et le troisième avec le réservoir d'air.

Dans ces tiroirs, les bords extérieurs règlent l'admission de l'air atmosphérique ; et les bords intérieurs, l'évacuation de l'air comprimé dans le réservoir ; et toujours deux de ces bords non adjacents sont simultanément en activité, mettant alternativement en communication l'une des faces du piston avec l'atmosphère, et l'autre face avec le réservoir d'air.

Au tiroir est adaptée une tige qui est mise en mouvement par un excentrique ou, plus généralement, à cause de la grande longueur de course, par une manivelle calée à l'extrémité de l'arbre moteur.

l'on poursuit est surtout la réduction des dimensions si grandes que l'on est forcé d'employer dans les puissantes souffleries; mais cette réduction des dimensions ne peut être atteinte qu'en augmentant considérablement la vitesse du piston à vent, et par suite le nombre de ses pulsations.

On conçoit facilement que, par la fréquence de leurs battements, les clapets imposent une limite de vitesse au delà de laquelle ils seraient mis trop rapidement hors d'usage; le tiroir, au contraire, ne connaissant pas de limite de vitesse dans son fonctionnement, se prête parfaitement à une allure de piston si vive qu'elle puisse être.

Voyons, si au point de vue du rendement, le tiroir convient aussi bien.

Dans les souffleries à tiroir, la section d'entrée de l'air dans le cylindre à vent, ainsi que celle de sortie, ne peuvent guère, par suite de la disposition exigée par le tiroir, arriver à être supérieures au 1/12 de la surface du piston; tandis que dans les souffleries à clapets, il n'est pas rare de voir ces sections atteindre et même dépasser 1/5 de la surface de leur piston. De là, une première cause de rendement plus élevé des souffleries à clapets sur les souffleries à tiroir; et cette différence ne peut qu'augmenter avec les différences des vitesses de piston.

Ainsi, en supposant que les orifices d'entrée et de sortie d'air, dans un cylindre à clapets, soient de 1/5 de sa section, et que la vitesse maxima du piston soit de 2 mètres, la plus grande vitesse que devra prendre l'air pour entrer ou sortir de ce cylindre, sera :

$$2^m \times 5 = 10 \text{ mètres.}$$

Si nous supposons qu'une soufflerie à tiroir ait un piston animé d'une vitesse deux fois plus grande, et qu'elle ne présente pour surface d'orifices que 1/12 de la section du cylindre, les plus grandes vitesses d'entrée et de sortie d'air, par ces orifices, seront :

$$2 \times 2^m \times 12 = 48 \text{ mètres.}$$

Or, dans chacun de ces cas, cette vitesse ne sera communiquée à l'air que par une différence de pression, existant entre les capacités successives que vient traverser l'air.

Ainsi, une dépression de l'air à l'intérieur du cylindre y amènera la précipitation de l'air extérieur pour la combler; de même, au refoulement, la vitesse de pénétration de l'air dans le réservoir ne peut être obtenue que par un degré de compression, dans le cylindre, supérieur à celui du réservoir.

Ces différences de pression peuvent être déduites de la formule :

$$V = \sqrt{2g \left(\frac{p - p'}{d} \right)}$$

que vérifie assez exactement l'expérience, quand les pressions p et p' ne diffèrent pas entre elles de plus de 1/10.

En supposant que p et p' soient mesurés par une colonne de mercure h et h', nous aurons :

$$p = 13,600\,h \qquad p' = 13,600\,h'$$

(En admettant que 13,600 soit le poids du mètre cube de mercure);

La formule précédente pourra s'écrire alors :

$$V = \sqrt{2g \times 13,600 \frac{h - h'}{d}}$$

Admettons pour valeur de la densité de l'air, pour 1 mètre cube, $d = 1^k,30$; nous aurons :

$$h - h' = \frac{V^2 \times 1,3}{2g \times 13,600}$$

pour $V = 10$ mètres

$$h - h' = \frac{100 \times 1,3}{19,61 \times 13,600} = 0^m,000477$$

et pour $V = 48$ mètres

$$h - h' = \frac{2,304 \times 1,3}{19,61 \times 13,600} = 0^m,0112.$$

Ainsi donc, tandis que dans la soufflerie à clapets la vitesse d'entrée et de sortie de l'air est obtenue par la légère dépression $0^m,000477$, à peine $1/2$ millimètre de mercure, dans la soufflerie à tiroir, il ne faut théoriquement pas moins de 11 millimètres; et en pratique, cette dépression est encore dépassée. Notons encore, que cette dépression existe non-seulement dans le cylindre par rapport à l'atmosphère; mais elle doit aussi exister dans le réservoir par rapport au cylindre. C'est donc, en réalité, avec le double de ce chiffre qu'il faut compter pour le travail à développer.

Du côté de l'aspiration, le piston est soumis à la pression atmosphérique diminuée de la dépression; du côté du refoulement, au contraire, le piston est soumis à la pression du réservoir de l'air comprimé augmentée de cette dépression.

En appelant a cette dépression, P_1 la pression de l'air dans le réservoir, la pression agissant effectivement sur le piston, comme résistance à vaincre dans son avancement, sera :

$$R = S(P_1 + a) - S(1^{atm} - a) = S(P_1 + 2a - 1^{atm}.)$$

En faisant

$$P_1 = 1^{atm} + 0^m,20 \text{ de mercure},$$

et

$$a = 1/2 \text{ millimètre de mercure, nous aurons :}$$

$$R_1' = S(0,200 \times 0,001) = 0,201 S$$

et si $\qquad\qquad a = 0^m,0112$

$$R_1'' = S(0,200 \times 0,0224) = 0,2224\,S$$

Dans le premier cas (soufflerie à clapets), l'effort résistant n'est augmenté que de 1/200 par la vitesse imprimée à l'air dans son passage à travers les clapets du cylindre; dans le second cas (soufflerie à tiroir), cette augmentation est de 1/9.

Or, si l'on admet que le travail moteur, à développer dans ces souffleries, est proportionnel à l'effort résistant, ce qui est sensiblement vrai, on voit déjà combien la soufflerie à grande vitesse et à tiroir est inférieure à la soufflerie à clapets; mais on doit reconnaître de plus que cette cause d'infériorité, que nous venons d'étudier, est d'autant plus sensible, que le degré de compression de l'air est faible.

Ainsi, si $P_2'' = 1^{\text{atm.}} + 0^m,12$,

comme cela existe dans bien des usines, la valeur de a, pour soufflerie à tiroir, n'en restera pas moins celle que nous avons trouvée, et alors :

$$R_2'' = S(0,120 + 0,0224) = 0,1424\,S.$$

Dans ce cas, l'effort résistant n'est pas augmenté de moins du 1/5; le travail moteur subira la même augmentation.

Des chiffres aussi élevés montrent combien l'augmentation de vitesse influe sur le rendement des souffleries, surtout dans les faibles pressions; ils nous prouvent aussi à quelle profonde altération d'effet utile entraîne l'application du tiroir dans les souffleries (1).

---

(1) Si nous avons pris pour base de notre calcul la plus grande vitesse du piston, nous avons également pris pour point de départ la plus grande ouverture d'orifice; or, comme nous le verrons, le tiroir ne découvre que peu à peu ces orifices; par suite, la vitesse de circulation

Mais, ce système de souffleries, dans lequel la commande du tiroir se prend sur l'arbre moteur à l'aide d'un excentrique ou d'une manivelle, présente encore un autre vice bien plus grave, inhérent au système de commande, et qui ne peut être reconnu qu'en entrant dans l'étude des mouvements de ce tiroir.

Les mouvements du piston et du tiroir sont solidaires et simultanés; il doit donc exister entre eux une certaine relation que la représentation graphique peut aider à étudier, en faisant reconnaître si toutes les circonstances d'une bonne distribution sont remplies.

Cette loi graphique peut être une courbe à coordonnées rectangulaires, dont les abscisses représentent les chemins parcourus par le piston, et les ordonnées sont les déplacements simultanés du tiroir par rapport à l'une de ses positions.

Cette loi graphique, ou *courbe de réglementation*, serait une ellipse, si les longueurs de bielles du piston et du tiroir étaient infinies, les positions du piston et du tiroir étant relativement les mêmes pour des positions symétriques de leur manivelle respective; sous l'influence de l'obliquité des bielles, elle s'aplatit et se déforme quelque peu; mais pas assez pour rendre fausses les conclusions que l'ellipse permet de déduire (1).

---

de l'air peut y être encore supérieure à celle que nous avons admise; les clapets, au contraire, fournissent presque instantanément, par leur ouverture subite, leur plus grande section à l'écoulement du vent.

(1) En raison des obliquités de la bielle du piston, les arcs successifs, parcourus par le bouton de la manivelle pendant la première demi-révolution, donnent lieu à des déplacements du piston qui ne sont pas respectivement égaux, à ceux qui correspondent aux arcs de même longueur que les premiers, parcourus par le bouton de la manivelle dans la seconde demi-révolution; tandis que l'obliquité de la bielle du tiroir étant négligeable, à des déplacements angulaires de la

Pour que cette courbe offre plus de clarté aux observations que nous ferons dans la discussion suivante, nous construirons les coordonnées à deux échelles différentes : l'une, pour les déplacements du tiroir, et l'autre, pour ceux du piston.

Menons l'axe des abscisses xy (fig. 9), sur lequel nous

Fig. 9.

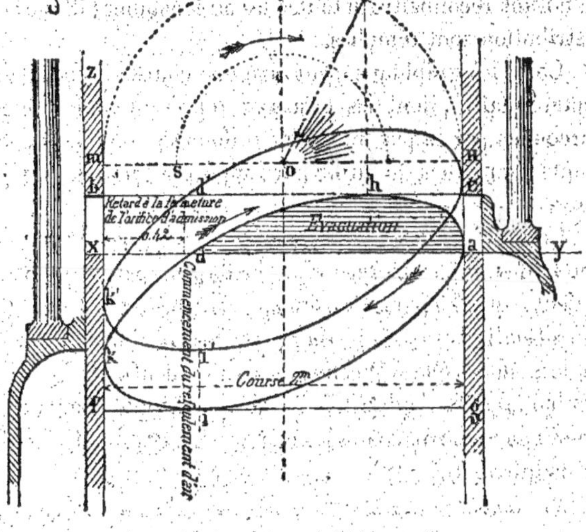

prendrons une grandeur xa pour représenter la course du piston; prenons également sur l'axe des ordonnées xz une grandeur xb, représentant la largeur de l'un des orifices, si par

manivelle du tiroir, respectivement égaux dans chaque demi-révolution, correspondent des positions symétriques du tiroir dans chaque course: Ce sont là les causes de déformation de l'ellipse, déformation peu sensible, tant que les longueurs de bielles ne sont pas inférieures à cinq fois le rayon de manivelle.

le point a nous menons une parallèle à xz, ces deux parallèles, dont l'écartement est égal à la longueur de course du piston, limiteront évidemment la courbe de réglementation et lui seront tangentes.

Si, par le point b, nous menons une parallèle à xa, le rectangle $xbca$ nous représentera l'un des orifices; et si, enfin, nous portons en xd, sur la course xa, la longueur que doit parcourir le piston pour amener la cylindrée d'air de la pression atmosphérique à la pression du réservoir, ce point d nous indiquera l'instant de la course à partir duquel doit commencer l'évacuation de l'air comprimé du cylindre dans le réservoir; cette évacuation doit se terminer en même temps que la course du piston; voilà donc deux points, d et a, de déterminés dans la loi graphique, représentant les mouvements du bords intérieur du tiroir sur l'orifice, pendant le refoulement.

De plus, pendant la course da du piston, l'orifice doit être démasqué complétement; par conséquent, le bord intérieur du tiroir doit parcourir un espace égal à xb, et la loi graphique avoir pour tangente supérieure bc, représentant le bord supérieur de l'orifice.

Cette courbe de réglementation, qui est une ellipse, devant satisfaire à toutes ces conditions, est donc parfaitement déterminée; et l'ellipse, passant par le point d, ayant pour tangentes les lignes bc et xz, et tangente au point a de la ligne ac, est la loi graphique des mouvements relatifs du tiroir et du piston, nécessaire à une bonne évacuation de l'air hors du cylindre.

Cette loi graphique donne le moyen de reconnaître immédiatement les positions simultanées du piston et du tiroir; il suffit, en effet, de supposer que ces deux organes soient représentés par un même point se mouvant sur cette courbe; les projections de ce point, se mouvant simultanément sur les axes xy et xz permettront, pour ainsi dire, de suivre de l'œil les mouvements du piston sur l'axe xy et ceux du tiroir sur l'axe xz.

L'ellipse déterminée précédemment nous donne, par l'écartement de ses deux tangentes bc, fg, parallèles à xy, le déplacement total du bord intérieur du tiroir qui, évidemment, est égal à la course de ce tiroir; de plus, les points de tangence h et i ne nous représentent pas seulement les extrémités de course du tiroir; mais, en même temps, ils nous font découvrir l'instant de la course du piston qui y correspond, ce qui permet d'en déduire aisément les positions relatives de la manivelle du piston et de celle du tiroir, et, par conséquent, leur angle de calage.

En effet, décrivons sur mn parallèle à xy (fig. 9), une circonférence de diamètre $mn = xa$ (course du piston), et du même centre o une circonférence de diamètre $st = bf$ (course du tiroir). Chacune de ces circonférences pourra représenter, à l'échelle de la loi graphique, les chemins décrits par les boutons de manivelles du piston et du tiroir, de telle sorte que (les mouvements simultanés des manivelles ayant lieu dans le sens indiqué par la flèche), la manivelle du piston soit en om au départ du piston, et la manivelle du tiroir en ot au départ du tiroir.

Quand le piston est arrivé au point h (de sa course prise sur bc), correspondant à l'ouverture complète de l'orifice d'évacuation et à l'extrémité de la course du tiroir, la position de la manivelle du piston est évidemment oP, et la position correspondante de la manivelle du tiroir ot. L'angle Pot, ainsi formé par les deux manivelles, demeure constant pendant la révolution de l'arbre, et détermine l'angle de calage.

Pour posséder tous les éléments de construction de ce tiroir, il ne manque plus que la distance entre les bords intérieurs et les bords extérieurs adjacents, ou la largeur de bandes de ce tiroir, qui doit être réglée par les circon-

stances de l'admission de l'air dans le cylindre; mais la loi
graphique, à laquelle est soumis le mouvement des bords
extérieurs, est devenue invariable; c'est celle qui a été déterminée précédemment d'après les circonstances à produire
dans l'évacuation, et il suffit qu'un seul point de la courbe
de réglementation de l'admission soit donné pour que nous
puissions tracer cette seconde courbe qui sera identique à la
première, et n'aura subi qu'un déplacement dans le sens xz
égal à la largeur de bande.

Voyons à quoi nous conduira cette courbe, en imposant
au tiroir la condition de faire coïncider l'admission (comme
cela doit être), avec le départ du piston.

C'est pendant le parcours de a en x du piston qu'aura
lieu l'admission par l'orifice considéré; la portion de courbe
de réglementation de l'admission correspondra donc à celle
aik de l'évacuation, et passera par le point c, tangentiellement en ce point à la ligne cg, puis descendra, comme le
segment de courbe ai, de c en i', pour remonter de i' en k',
où elle viendra toucher tangentiellement la ligne fz; ce
point k' correspond à l'instant où le piston atteint en b sa
fin de course.

Ainsi, le bord extérieur du tiroir est seulement en k',
ayant encore à parcourir la longueur $k'b$ de la course du
tiroir, pour fermer l'orifice d'admission, quand le piston, arrivé à la fin de sa course, va commencer une course inverse
pour refouler la cylindrée d'air admise; il faudrait évidemment que cet instant de la course du piston coïncidât avec
la fin de l'admission.

Or, la courbe de réglementation ne vient rencontrer la
ligne bc qu'en d; c'est-à-dire que le bord extérieur du tiroir vient recouvrir l'orifice quand le piston est revenu de b
en d' de sa course de refoulement, le volume d'air renfermé
dans le cylindre aurait donc libre communication avec l'atmosphère depuis b jusqu'en d' de la course de retour du

piston, et le volume d'air correspondant à ce parcours pourrait s'écouler librement hors du cylindre par cet orifice; il ne resterait plus alors, dans le cylindre, que le volume d'air correspondant à la partie $d'c$ de la course du piston.

Si nous remarquons que $ad = bd'$, et que xd est la partie de la course du piston, nécessairement employée à amener la cylindrée d'air de la pression atmosphérique à celle du réservoir, nous aurons, pour une pression de $0^m,20$ de mercure dans le réservoir et une course du piston égale à 2 mètres :

$$S \times 2^m \times 0^m,76 = S \times x \ (0^m,76 + 0^m,20)$$

d'où

$$x = \frac{0^m,76 \times 2^m}{0^m,96} = 1^m,58$$

et

$$2^m - 1^m,58 = 0^m,42 = xd$$

S étant la surface du piston à vent, et $x = da$, ce qu'il reste à parcourir de la course du piston quand la pression de la cylindrée d'air a été amenée à être l'égale de celle de l'air renfermé dans le réservoir.

Ainsi donc, avec un tiroir construit pour satisfaire aux conditions suivantes :

(a) Ouvrir l'orifice d'évacuation de l'air comprimé quand cet air a atteint la pression de celui qui est renfermé dans le réservoir;

(b) Terminer cette évacuation dès que le piston arrive à la fin de sa course de refoulement;

(c) Ouvrir l'orifice d'admission de l'air atmosphérique au commencement de la course d'aspiration du piston;

La 4e condition :

(d) Fermer l'orifice d'admission de l'air atmosphérique

4

dès que le piston termine sa course d'aspiration, ne pouvant être remplie, donnerait lieu à une perte d'effet utile de l'appareil soufflant, d'autant plus élevée que le degré de compression serait plus considérable.

Dans le cas cité plus haut, cette perte dépasserait :

$$\frac{0^m,42}{2^m} = \text{soit plus de } 1/5.$$

Du reste, il est évident que dans ce mode de réglementation de l'aspiration et du refoulement de l'air, ne disposant par le tiroir que des trois variables suivantes :

1° Longueur de course ;

2° Angle de calage ;

3° Largeur de bandes.

Pour satisfaire aux quatre conditions exigées par les circonstances de l'admission et de l'évacuation de l'air, il faut en sacrifier une, et conséquemment rechercher, pour les remplir, les trois conditions les plus essentielles.

Poursuivons l'étude des circonstances de l'admission et de l'évacuation de l'air obtenues en écartant successivement l'une des quatre conditions à satisfaire pour ne laisser au tiroir que l'ensemble des trois autres à remplir.

Tout en nous imposant, comme précédemment, les deux conditions suivantes relatives à l'évacuation :

(a) Ouvrir l'orifice d'évacuation de l'air comprimé, quand cet air a atteint la pression de celui qui est renfermé dans le réservoir ;

(b) Fermer cet orifice dès que le piston est arrivé à la fin de sa course de refoulement.

Proposons-nous de produire :

(d) La fermeture de l'orifice d'admission de l'air atmo-

sphérique dès que le piston termine sa course
d'aspiration.

La courbe de réglementation, relative au mouvement du
bord interne du tiroir, est déterminée par les deux conditions
(a) et (b), et demeure identique à celle qui a été trouvée précédemment; pour avoir celle qui correspond au mouvement du
bord externe du tiroir (fig. 10), il suffit de déplacer parallè-

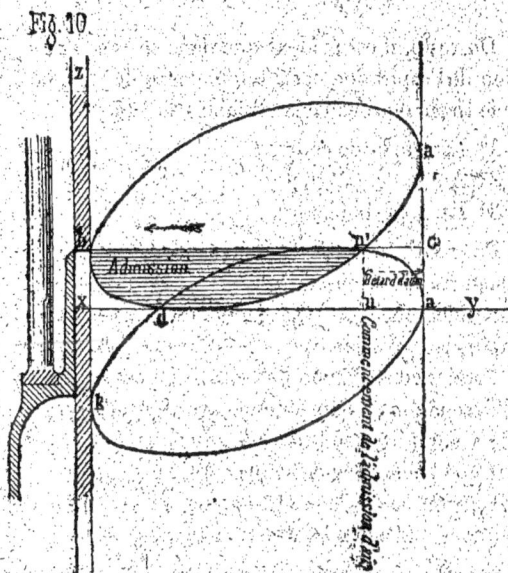

Fig. 10.

lement à elle-même la loi graphique déduite de (a) et (b), et
de la faire passer par le point b tangentiellement, en ce point,
à la ligne $x z$, puisque l'orifice d'admission doit être fermé
quand le piston est arrivé en x de sa course dans le sens
$a x$; la largeur de la bande du tiroir est donc $b k$.

Cette courbe de réglementation, quittant b quand le

piston part de x, arrive en a' quand le piston atteint le point a dans sa course de refoulement.

Ainsi, au départ de la course d'aspiration de a en x du piston, le bord extérieur du tiroir en a' doit encore parcourir une longueur $a'c$ avant de commencer à découvrir l'orifice d'admission; et ce ne serait qu'après un parcours au du piston, que le bord externe du tiroir, arrivant en u', viendrait commencer à démasquer l'orifice d'admission.

Un tiroir ainsi construit amènerait donc le piston à parcourir une longueur au (que l'inspection de l'épure nous montre être égale à xd), en créant derrière lui un vide absolu donnant lieu à une résistance nuisible des plus considérables.

Ainsi, revenant à notre exemple, avec un piston de $2^m,75$ de diamètre et 2 mètres de course, nous aurions :

$$S = \frac{\pi d^2}{4} = 5^{m2},94$$

$$au = xd = 0^m,42$$

Pour travail nuisible,

$$T_r = 5^{m2},94 \times 10{,}330^k \times 0^m,42 = 25{,}200^{kgm};$$

tandis que les diagrammes, donnant le travail résistant durant la compression et l'évacuation de l'air pendant une course de ce piston, n'accusent qu'un travail d'environ 28,000 kgm, pour une pression d'air de $0^m,20$ de mercure.

Dans cet exemple, le retard à l'admission de l'air viendrait donc apporter à la machine une surcharge de travail résistant supérieure à 90 % du travail utile à effectuer.

Toute largeur de la bande du tiroir, comprise entre ca de la première épure et bk de la deuxième, pourra conserver les circonstances de l'évacuation telles qu'elles doivent être produites; mais donnera lieu, à la fois, à un retard à la fermeture de l'orifice d'admission, et un retard à son ouverture.

Ainsi *kk'* (fig. 11), étant cette largeur de bande, l'épure nous montre que l'orifice d'admission ne sera obturé

Fig 11.

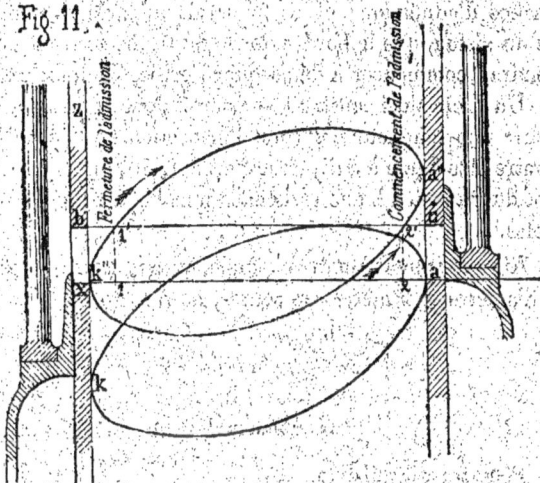

que quand le piston aura parcouru *x* 1 de sa course de refoulement correspondant au passage en 1' de la loi graphique du mouvement du bord externe du tiroir sur l'arête *b c* de l'orifice.

C'est donc une longueur *x* 1, de la course du piston, d'absolument perdue, puisque le volume de la cylindrée de vent a pu se réduire de *x a* à 1 *a*, sans compression, en se déversant hors du cylindre par l'orifice resté ouvert.

De même, la courbe de réglementation ne vient recouper l'arête *b c* qu'en 2', quand le piston a parcouru l'espace *a* 2 de sa course d'aspiration. A partir de cet instant seulement commence l'introduction de l'air dans le cylindre.

Le piston doit marcher depuis *a* jusqu'en 2 en faisant le

vide derrière lui, par conséquent en développant une résistance considérable absolument anormale.

Si, au lieu de prendre pour conditions à remplir par le tiroir les circonstances rationnelles de l'évacuation de l'air, nous prenons pour point de départ celles de l'admission déjà indiquées précédemment :

(c) Ouvrir l'orifice d'admission de l'air atmosphérique au commencement de la course aspirante du piston ;

(d) Fermer l'orifice d'admission dès que le piston termine sa course d'aspiration.

Nous donnerons naissance à une nouvelle loi graphique de mouvement du tiroir, qui sera encore une ellipse (en supposant toujours que nous puissions négliger l'influence de l'obliquité des bielles sur cette courbe).

Prenons encore sur un axe des abscisses xy (fig. 12), une grandeur xa pour représenter la course du piston ; prenons également sur l'axe des ordonnées xz une grandeur xb représentant la largeur de l'un des orifices du cylindre, si par le point a nous menons une parallèle à xz, ces 2 parallèles, dont l'écartement mesure à une certaine échelle la longueur de course du piston, limiteront évidemment la courbe de réglementation et lui seront tangentes.

Si, par le point b, nous menons une parallèle à xa, le rectangle $xbca$ nous représentera l'orifice considéré du cylindre sur lequel nous pourrons étudier toutes les circonstances de l'admission et de l'évacuation produites par le tiroir.

Le piston fonctionnant dans le sens ax, pendant sa course l'aspiration par l'orifice considéré, et l'ouverture de l'orifice d'admission devant coïncider avec le départ du point a de la course du piston, la fermeture de l'admission devant coïncider avec l'arrivée du piston au point x, fin de sa course, les points c et b appartiennent à la courbe de réglementation du mouvement du bord extérieur du tiroir et de plus sont ceux de tangence de cette courbe avec les lignes $x z$, $a c$.

Le tiroir devant venir démasquer complétement l'orifice, le bord extérieur de ce tiroir devra pour cela parcourir la largeur $b x$ de cet orifice, et la courbe de réglementation

Fig. 12.

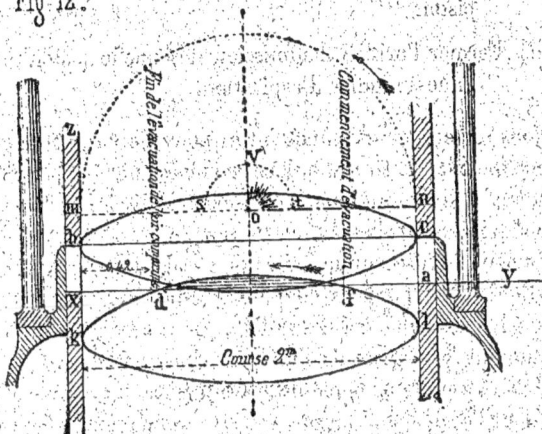

passer tangentiellement à $x a$. Cette ellipse est donc encore parfaitement déterminée et, dans ce cas, elle a pour grand axe la ligne $b c$, et pour demi petit axe la largeur $b x$ de l'orifice, il en résulte que la course du tiroir est égale à $2 b x$.

Enfin, pour obtenir l'angle de calage de la manivelle du tiroir par rapport à celle du piston, il suffit de remarquer que le tiroir est déjà arrivé au milieu de sa course quand le piston est au départ de la sienne.

Si, sur $m n$ (fig. 12), parallèle à $x y$, nous décrivons une circonférence de diamètre $m n = x a$ (course du piston), et du même centre o une circonférence de diamètre $s t = 2 \, b \, x$

(course du tiroir), chacune de ces deux circonférences représentera à l'échelle de la loi graphique les chemins décrits par les boutons de manivelles du piston et du tiroir, de telle sorte que (le mouvement simultané des manivelles ayant lieu dans le sens indiqué par la flèche), la manivelle du piston occupe la position $o\,n$ quand le piston est en a, et la manivelle du tiroir a pour position correspondante $o\,v$.

L'angle de calage $n\,o\,v$, dans ce cas, est un angle droit.

Pour construire ce tiroir, il nous reste encore à connaître sa largeur de bandes qui devra être déterminée par celle des deux circonstances d'évacuation dont nous pouvons disposer.

Si nous imposons à ce tiroir (a) de ne commencer à découvrir l'orifice d'évacuation que lorsque le piston, dans sa course de refoulement, aura amené par compression la cylindrée d'air à la même pression que celle de l'air du réservoir; que, pour cela, la longueur à parcourir par le piston soit $x\,d$, ce point d appartiendra à la courbe de réglementation (fig. 12), du mouvement du bord interne du tiroir, et cette courbe de réglementation, identique à celle du mouvement du bord extérieur, s'obtiendra en déplaçant parallèlement à elle-même l'ellipse sur son petit axe, de façon à la faire passer par le point d.

Ainsi déterminée, cette ellipse est tangente aux points k et l des lignes $z\,x$, $c\,a$ qui la limitent, et la distance $k\,b$ est la largeur des bandes.

De plus, cette ellipse vient rencontrer la ligne $x\,a$ en un point f symétrique de d; par conséquent, le bord interne du tiroir vient repasser sur l'arête de l'orifice du cylindre et le fermer quand le piston a encore à parcourir une longueur $f\,a = x\,d$ de sa course de refoulement.

Il en résulterait donc que le volume de la cylindrée d'air restant à évacuer, ne trouvant plus d'issue, serait comprimé jusqu'à ne plus occuper que l'espace nuisible du cylindre.

Ainsi, pour une cylindrée d'air correspondant à un diamètre de piston de $2^m,75$, d'une surface $S = 5^{m2},94$ environ, avec une course de. . . . . 2^m, »
un espace nuisible de. . . . . $1/20^e$
et pour une pression effective de . . . $0^m,20$ de mercure, la longueur $x\,d = f\,a = 0^m,42$.

En désignant par V le volume de la cylindrée d'air ne pouvant plus s'écouler, par v celui de l'espace nuisible, et par P la pression finale de l'air lorsqu'il a été confiné dans l'espace nuisible du cylindre, nous aurons :

$$P\,v^\gamma = \text{constante}$$

pour l'air $\gamma = \dfrac{C}{C_1} = \dfrac{4}{3}$, rapport des chaleurs spécifiques sous pression et volume constants.

$$P\,v^\gamma = (0^m,76 + 0^m,20)\,V^\gamma$$

d'où

$$P = \frac{0^m,96\ V^\gamma}{v^\gamma}$$

et comme

$$V = 0^m,42\ S$$

$$v = 1/20 \times 2^m\ S$$

$$P = \frac{0^m,96\,(0^m,42\ S)^{4/3}}{(0^m,1\ S)^{4/3}} = 6^m,5.$$

Ainsi la pression finale de l'air serait de $\dfrac{6^m,5}{0^m,76} = 8^{atm},55$

laissant une pression effective de :

$$8^m,55 - 1 = 7^{atm},55 \text{ sur le piston,}$$

au lieu de $\dfrac{0^m,20}{0^m,76}$ d'atmosphère.

Ce serait donc une pression $7,55 : \dfrac{0,20}{0,76} = 28,5$ fois plus grande que celle qui réagit sur le piston pendant l'écoulement de l'air du cylindre dans le réservoir, et qui ne devrait jamais être dépassée; cette seule raison suffirait à faire rejeter ce tiroir; mais, si de plus, on remarque que cet air comprimé trouve à s'échapper hors du cylindre dès que l'orifice d'admission se découvre, au commencement de la course d'aspiration, et que, par suite, non-seulement la partie fa de la course du piston est complétement perdue, mais encore tout le travail développé pendant cette compression, on comprendra que le jeu aussi vicieux d'un tel tiroir le rende absolument inacceptable.

Il ne nous reste plus qu'à étudier le tiroir construit de façon à donner :

(c) L'admission de l'air atmosphérique coïncidant avec le commencement de la course aspirante du piston;

(d) La fermeture de l'orifice d'admission coïncidant avec la fin de la course aspirante du piston;

(b) Dans le cas où la fin de l'évacuation devrait coïncider avec l'extrémité de la course de refoulement du piston.

Ici encore, la courbe de réglementation nous est donnée par les deux circonstances de l'admission, la seule variable dont nous puissions disposer est la largeur des bandes du tiroir.

(Fig. 13) xa étant le sens du mouvement du piston pour lequel l'évacuation a lieu par l'orifice considéré, quand le piston est arrivé en a, le bord intérieur du tiroir doit être en c, et avoir fermé l'orifice d'évacuation; le bord extérieur du tiroir étant en a prêt à ouvrir cet orifice pour l'admission, il en résulte que la largeur de bandes est ac, et la loi de mouvement relative à l'évacuation étant identique à celle relative à l'admission et devant passer par le point c, aura bc comme grand axe; par conséquent b sera le point correspondant à l'ouverture de l'orifice d'évacuation par cet orifice pendant le trajet $x\,a$ du piston.

Ainsi, avec ce tiroir, l'évacuation commence dès l'origine de la course de refoulement du piston.

On pourrait dire, ici, que ce n'est pas le piston qui com-

Fig. 13.

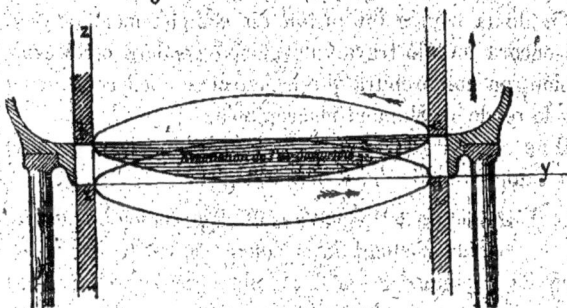

prime l'air, mais bien l'introduction dans le cylindre de l'air du porte-vent.

Il en résulte sur le piston une résistance constante pendant toute la durée de la course de refoulement, et le travail résistant T_r devient :

P étant la pression de l'air dans le réservoir,

p la pression atmosphérique,

S la surface du piston,

L sa course,

$$T_r = S\,L\,(P-p).$$

Tandis que dans le cylindre à vent, où l'ouverture des orifices d'admission et d'évacuation a lieu automatiquement au moyen des clapets, le travail résistant $T_r{}'$ se compose de deux parties : l'une correspondant au travail de compression qu'il est nécessaire de développer pour faire passer la cylin drée d'air de la presssion atmosphérique p à la pression du réservoir P, et l'autre correspondant au travail de refoulement de cet air comprimé du cylindre dans le réservoir.

x désignant la quantité dont le piston a dû s'avancer pour produire le degré voulu de compression, la seconde partie du travail sera :

$$S(L-x)(P-p).$$

Quant au travail de la première partie, il sera donné par l'intégrale définie :

$$\int_0^x SP\,dx - Sp\,x.$$

En désignant par V le volume de la cylindrée d'air, et v le nouveau volume, lorsque le piston a avancé de x, nous pourrons écrire :

$$\frac{v}{V} = \frac{L-x}{L} = \frac{p}{P}$$

En raison du faible degré de compression de l'air et de la grande surface de rayonnement présentée par le cylindre à vent, l'échauffement de l'air pendant sa compression est à peine sensible, et alors la loi de Mariotte est applicable.

Il en résulte que :

$$P = \frac{pL}{L-x}$$

En remplaçant P par sa valeur, l'intégrale devient :

$$\int_0^x \frac{Sp\,dx}{L-x} - Sp\,x.$$

Si l'on pose :

$$L - x = z, \quad x = L - z \text{ et } dx = -dz$$

substituant dans l'intégrale, on a à intégrer l'expression :

$$- Spx + Sp L \int_0^x \frac{dz}{z}$$

qui est l'intégrale d'un logarithme z; prenant les limites, on a pour l'expression du travail :

$$S p \left(- x + L \log. \frac{L}{L-x} \right)$$

Or :

$$\frac{L}{L-x} = \frac{P}{p}$$

Le travail est donc :

$$S p \left(- x + L \log. \frac{P}{p} \right)$$

et l'ensemble des deux travaux élémentaires est :

$$S (L-x) (P-p) + S p \left(- x + L \log. \frac{P}{p} \right) = T_r$$

de $\dfrac{L}{L-x} = \dfrac{P}{p}$ nous tirons : $L - x = \dfrac{pL}{P}$

et $x = L - \dfrac{pL}{P} = \dfrac{L(P-p)}{P}$

Le travail total est donc :

$$T_r = SpL \left(\frac{P-p}{P} - \frac{P-p}{P} + \log. \frac{P}{p} \right)$$

$$T_r = Sp L \log. \frac{P}{p}$$

Il est inférieur à celui T_r de la quantité

$$SL\,(P-p) - Sp\,L\,\log.\frac{P}{p} = T_r - T'_r$$

Ou

$$SL\left[(P-p) - p\,\log.\frac{P}{p}\right] = T_r - T'_r$$

Cette quantité représente l'augmentation du travail résistant, et par conséquent la perte du travail apportée par ce dernier tiroir substitué à des clapets.

Pour l'exemple que nous avons choisi, nous aurons :

$$T_r - T'_r = 5^{m2},94 \times 2^m$$

$$\left[(13,030^k - 10,330^k) - 10,330\,\log.\,\text{nép.}\,\frac{13,030}{10,330}\right]$$

$$T_r - T'_r = 3,860\ ^{kgm},$$

et comme

$$T'_r = 5^{m2},94 \times 10,330 \times 2^m \times \log.\,\text{nép.}\,\frac{13,030}{10,330}$$

$$T' = 28,225\ ^{kgm}.$$

Pour fournir le même volume de vent, une soufflerie avec ce tiroir prendrait donc une quantité de travail moteur supérieure de :

$$\frac{3,860\ ^{kgm}}{28,225} = 13,6\ ^o/_o$$

à celle que demanderait cette même soufflerie fonctionnant avec clapets.

En résumé, nous avons pu nous convaincre qu'aucune des quatre constructions de tiroir que nous venons d'étudier ne donne satisfaction; le tableau suivant résume les défauts particuliers à chacun d'eux.

CONDITIONS RATIONNELLES REMPLIES	EFFET PRODUIT PAR LE TIROIR	CONSÉQUENCES
(a) Commencement du refoulement. (b) Fin du refoulement. (c) Commencement de l'aspiration.	Retard à la fermeture de l'orifice d'admission.	Perte d'une quantité d'air égale au volume engendré par le piston pendant la durée du retard.
(a) Commencement du refoulement. (b) Fin du refoulement. (c) Fin de l'aspiration.	Retard à l'ouverture de l'orifice d'admission.	Vide créé derrière le piston pendant la durée de ce retard; d'où travail nuisible très-considérable et surcharge des organes de transmission.
(c) Commencement de l'aspiration. (d) Fin de l'aspiration. (a) Commencement du refoulement.	Fermeture anticipée de l'orifice d'évacuation.	Compression très-élevée de l'air emprisonné dans le cylindre, d'où surcharge des organes de transmission et travail nuisible énorme. Perte de cet air comprimé pendant l'admission suivante.
(c) Commencement de l'aspiration. (d) Fin de l'aspiration. (b) Fin du refoulement.	Ouverture de l'orifice d'évacuation au commencement de la course de refoulement du piston.	Travail résistant, augmenté dans une proportion d'autant plus élevée que la pression de l'air du réservoir est plus forte.

Au point de vue de la *dépense minima du travail moteur*, c'est le premier des tiroirs étudiés qui est le moins désavantageux, puisque son défaut ne porte que sur la quantité d'air qui s'échappe hors du cylindre à vent pendant les premiers instants de la course de refoulement du piston, alors que la lumière par laquelle s'est effectuée l'admission n'est pas encore fermée : il en résulte que la portion de la course du piston pendant laquelle a lieu cet échappement d'air, ainsi que la longueur correspondante du cylindre, est complétement perdue.

Les deuxième et troisième tiroirs étudiés, donnant lieu à un travail nuisible excessif, sont évidemment inapplicables.

Le quatrième des tiroirs étudiés n'est pas aussi mauvais que les deux précédents ; mettant en communication la cylindrée d'air à évacuer avec le réservoir dès l'origine de la course foulante du piston, il donne lieu à un travail résistant qui demeure constant pendant toute la durée de la course. Ce serait là une excellente condition de marche, s'il n'en résultait une augmentation notable dans le travail résistant à effectuer.

Il n'est donc pas étonnant que ce système de souffleries à grande vitesse et à tiroirs, créé par le désir de réduire de beaucoup la dépense d'installation première des grandes machines, et accepté avec enthousiasme par les maîtres de forges dès son apparition, donne un résultat si médiocre ; partout aujourd'hui nous pouvons voir ce système à peu près abandonné : Ars, Alais, le Creusot, Aubin, Burbach et combien d'autres.

Les défauts de ces souffleries sont d'autant plus sensibles que la pression de l'air doit être plus considérable ; aussi ne rencontre-t-on aucune soufflerie Bessemer (1) faisant usage

---

(1) Sauf peut-être quelque rare exception : celle de Grätz (Styrie), qui est à tiroir.

de tiroir; beaucoup emploient des clapets, quoique leur entretien soit des plus dispendieux, mais, le plus généralement, ces souffleries à haute pression utilisent l'élasticité de fortes bandes de caoutchouc, recouvrant à la façon de clapets des orifices étroits et nombreux, destinés à l'admission et à l'évacuation de l'air (pl. 5 et 6).

L'office de ces bandes est analogue à celui des clapets, ce sont les pressions ou les dépressions dans le cylindre qui, provoquant l'extension (qui découvre les orifices) ou la contraction (qui les obture), déterminent le jeu de la soufflerie (1).

Ces bandes élastiques, lorsqu'elles sont neuves, ne fonctionnent qu'à l'aide de pressions ou dépressions considérables, réduisant à un chiffre très-faible le rendement des cylindres à vent sur lesquels elles sont placées, l'échauffement qui résulte de la compression de l'air, en les ramollissant, les met rapidement hors d'usage; si, par leur simplicité et leur mise en place facile, elles conviennent aux souffleries Bessemer, qui n'ont qu'un fonctionnement journalier assez restreint, elles doivent être rejetées dans toute soufflerie à marche continue, leur entretien est trop onéreux.

Nous avons vu que dans les souffleries à tiroir, l'un des principaux vices provient de la grande vitesse donnée au piston; le seul correctif que l'on puisse y apporter est dans l'augmentation de diamètre du cylindre à vent qui, à produit égal, permet la réduction de cette vitesse.

Ce genre de souffleries, à marche lente et à tiroir, assez employé en Belgique et dans quelques usines du centre de la France, quoique plus estimé que celui à marche rapide, satisfait peu.

---

(1) Les détails figurés planches 5 et 6, nous dispensent de la description de cette soufflerie généralement appliquée, en Angleterre et sur le continent, aux convertisseurs Bessemer.

Cela tient évidemment, non au tiroir, mais à son action défectueuse sur l'admission de l'air et son évacuation; l'étude que nous en avons faite précédemment nous a permis de reconnaître que ce dernier vice dérive de la commande du tiroir par une manivelle, et de la dépendance des fonctions de ce tiroir (admission et évacuation), créée par la liaison de toutes ses parties; mais ce mode de commande et de construction de tiroir n'est pas absolu, et, en adoptant un tiroir spécial pour chacune des fonctions admission et évacuation, en les rendant indépendants l'un de l'autre par une commande spéciale, on peut arriver à faire du tiroir un organe de distribution excellent, sinon préférable aux clapets, même dans les souffleries à haute pression.

En admettant, en effet, des orifices spéciaux à l'admission et à l'évacuation de l'air dans le cylindre à vent, en donnant un jeu particulier à chacun des deux tiroirs réglant l'entrée et la sortie du vent, on n'a plus, pour le tiroir d'admission, qu'à satisfaire aux conditions :

(c) Ouvrir la lumière d'admission dès l'origine de la course aspirante du piston ;

(d) Avoir recouvert les lumières d'admission quand le piston est arrivé à la fin de sa course aspirante.

Or, si nous nous reportons à ce que nous avons vu dans la construction du troisième tiroir étudié, nous en conclurons que ces deux conditions peuvent être parfaitement remplies en commandant par une manivelle ce tiroir d'admission.

Ainsi (fig. 14), $x\,a$ étant la course du piston, $x\,b$ la largeur de la lumière à démasquer, la courbe de réglementation du mouvement de ce tiroir est une ellipse dont le grand axe est $x\,a$ et le demi petit axe est $x\,b$, la largeur de l'orifice; la course de ce tiroir est donc égale à $2\,x\,b$, et l'angle de calage de la manivelle de ce tiroir d'admission sur la manivelle du piston est $A \rho P = 90°$, en supposant que la rotation de ces manivelles s'effectue dans le sens indiqué par la

Fig. 14

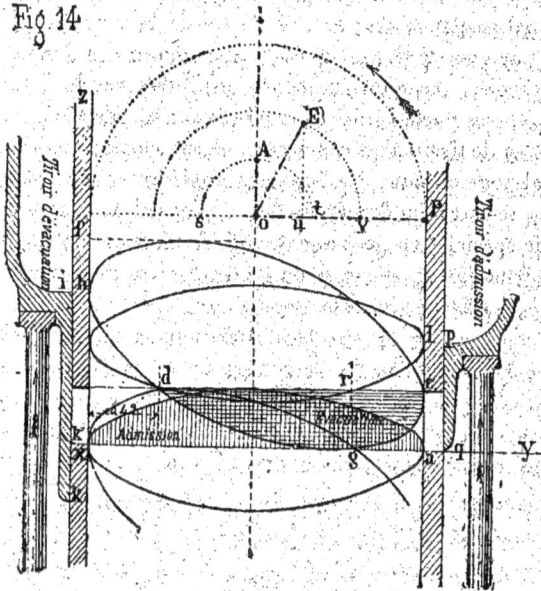

flèche, ce qui correspond à la marche du piston dans le sens ax pour l'admission par l'orifice considéré.

Pour le tiroir d'évacuation, les deux conditions à remplir sont les suivantes :

(a) N'ouvrir l'orifice d'évacuation de l'air comprimé que lorsque sa pression est égale à celle de l'air renfermé dans le réservoir ;

(b) Faire coïncider la fermeture de cet orifice d'évacuation avec la fin de course de refoulement du piston.

En nous reportant également à l'étude que nous avons

faite du premier tiroir, nous reconnaîtrons que ces deux conditions sont satisfaites en commandant ce tiroir d'évacuation par une manivelle donnant lieu à la courbe de réglementation déjà établie.

Ainsi, $x\,a$ étant toujours la course du piston, $b\,d$ la partie de la course durant laquelle s'opère la compression de la cylindrée d'air dans l'instant précédant l'évacuation, $x\,b$ la largeur de la lumière à démasquer; cette courbe de réglementation est une ellipse passant par les points d et c, et ayant pour tangentes les lignes $x\,z$, $a\,c$ et $x\,a$; la course de ce tiroir est xf, écartement des deux tangentes à l'ellipse parallèlement à $x\,a$; enfin, l'angle de calage de la manivelle de ce tiroir d'évacuation sur la manivelle du piston est $E\,o\,P$, pour que, suivant le sens de rotation des manivelles indiqué par la flèche, l'évacuation ait lieu par l'orifice considéré quand le piston marche de x en a.

Quant à la largeur $i\,k$ de bandes de ce tiroir, elle doit être réglée de telle sorte, que l'orifice d'évacuation soit couvert pendant toute la durée de la course d'aspiration de sens $a\,x$ du piston, ce qui correspondrait à :

$$i\,k = xf;$$

mais ce tiroir d'évacuation peut être aussi construit de telle sorte qu'il vienne en aide au tiroir d'admission, pour permettre l'entrée de l'air dans le cylindre par l'orifice sur lequel il fonctionne; en donnant alors aux bandes une largeur

$$i\,k' = xh,$$

on obtiendra un tiroir identique au deuxième tiroir étudié, c'est-à-dire donnant lieu, comme ce dernier, à un retard à l'admission sur une longueur $ag = bd$ de la course du piston; mais ici, ce retard ne peut plus produire le mauvais effet que nous avons constaté avec le deuxième tiroir, puisque le tiroir spécial d'admission étant ouvert, et permettant à l'air de s'introduire derrière le piston, s'oppose par suite à toute formation de vide.

En réalité, ce second tiroir destiné à l'évacuation, mais pouvant aussi servir à l'admission, nous permet, pendant la plus grande partie de la course du piston, d'atteindre une surface d'introduction de l'air, double de ce qu'il est possible d'obtenir avec un seul tiroir.

Il est facile de construire également le tiroir spécial d'admission, de façon à lui permettre de venir en aide au second tiroir spécialement destiné à l'évacuation ; et alors, ce tiroir d'admission, deviendra identique au troisième des tiroirs étudiés précédemment, et donnerait lieu, comme ce dernier, à une fermeture anticipée de cette lumière d'admission faisant office de lumière d'évacuation, sans qu'aucune compression de l'air, restant à évacuer hors du cylindre, ne soit possible, puisqu'il reste encore à cet air l'orifice spécial d'échappement qui ne sera fermé qu'à la fin de la course du piston.

Ce dernier tiroir viendrait recouvrir l'orifice d'admission, transformé en orifice d'échappement, quand le piston a encore à parcourir

$$r\,c = b\,d \text{ de sa course,}$$

et sa largeur de bandes serait :

$$p\,q = a\,l.$$

Une soufflerie à faible vitesse, aspirant et évacuant l'air au moyen de deux tiroirs indépendants, et à double fonction, doit donner lieu à un fonctionnement presque aussi satisfaisant qu'une bonne soufflerie à clapets. Le seul reproche qui puisse encore lui être fait est l'ouverture graduelle des orifices par les tiroirs, qui ne livrent pas, comme les clapets instantanément la plus grande section d'écoulement; on pourrait peut-être, de plus, y ajouter la longueur de la course du tiroir d'évacuation.

Mais, par l'emploi d'un excentrique à course variée, on peut détruire l'un et l'autre de ces défauts qui ne portent, avec raison, que sur le tiroir d'évacuation.

L'épure de la courbe de réglementation du tiroir d'admission nous montre que, pour celui-ci, il y a peu à désirer. L'excentrique à course variée permet, en effet, de se ménager des alternatives de mouvements et de repos qu'il suffit d'approprier aux fonctions du tiroir à conduire.

Ainsi, au commencement de sa course, le tiroir d'évacuation recouvrant la lumière d'échappement, nous pouvons nous proposer de laisser au repos ce tiroir pendant toute la durée de la compression de la cylindrée d'air; puis de lui communiquer un mouvement d'amplitude égale à la largeur de la lumière à découvrir, dans un temps aussi court que possible; ensuite de laisser au repos ce tiroir qui livre ainsi toute la pleine section de l'orifice à l'écoulement; puis, avant que le piston n'arrive à la fin de course de refoulement, de communiquer au tiroir un mouvement en sens inverse du précédent, mais de même longueur, à l'aide duquel il viendrait masquer l'orifice. Ce mouvement peut être produit dans un temps quelconque, et correspondre, par exemple, comme le mouvement qui produit l'ouverture de la lumière, à $1/n$ de la course du piston.

Seulement, il faut tenir compte de l'inertie de ces tiroirs et des frottements auxquels ils sont soumis dans leurs guides, pour ne pas les exposer à un brusque passage de l'état de repos à l'état de mouvement qui déterminerait des à-coups intolérables.

Ajoutons donc aux conditions à remplir, formulées précédemment, celle-ci :

Faire en sorte que le tiroir, partant du repos, parcoure la

première moitié de sa course en mouvement uniformément
accéléré, et la seconde moitié en mouvement uniformément
retardé.

$x\,a$, étant la longueur de la course du piston (fig. 15);

$x\,b$, la largeur de l'orifice d'évacuation;

$b\,d$, la partie de la course du piston correspondant à
a compression de la cylindrée d'air, la courbe de réglementation du mouvement du bord interne du tiroir devra, par
suite du repos de ce tiroir, se confondre depuis b jusqu'en d
avec la ligne bc représentant l'arête de l'orifice que le tiroir
doit dépasser pour permettre l'évacuation.

Donnons à parcourir au piston la longueur fg pendant
l'ouverture de l'orifice; la courbe de réglementation passera
de d en g suivant deux paraboles : l'une, partant de d tangentiellement à $b\,d$, en tournant sa convexité vers dc, arrive
jusqu'en e, milieu de la largeur de l'orifice; elle est due au
mouvement uniformément accéléré du tiroir; l'autre, partant de e et arrivant en g tangentiellement à $x\,a$, en tournant
sa concavité vers $d\,c$, est due au mouvement uniformément
retardé de ce tiroir, qui va passer au repos pendant le parcours de g en h du piston, et laisser l'orifice complétement
ouvert pour le refermer pendant le parcours de h en a du
piston.

La courbe de réglementation viendra donc se confondre,
depuis g jusqu'en h, avec la ligne $x\,a$ représentant l'arête de
l'orifice qui doit être atteinte par le bord interne du tiroir,
pour que la lumière soit complétement démasquée, et passera de h en c, en suivant encore deux paraboles : l'une,
depuis h jusqu'en i, milieu de l'orifice, due au mouvement
uniformément accéléré; et l'autre, depuis i jusqu'en c, due au
mouvement uniformément retardé du tiroir qui vient de fermer l'orifice.

Ces deux paraboles sont encore tangentes l'une, $h\,i$ à $x\,a$,
et l'autre ic à $d\,c$.

Cette loi graphique correspond à la course de sens xa du

Fig. 15.

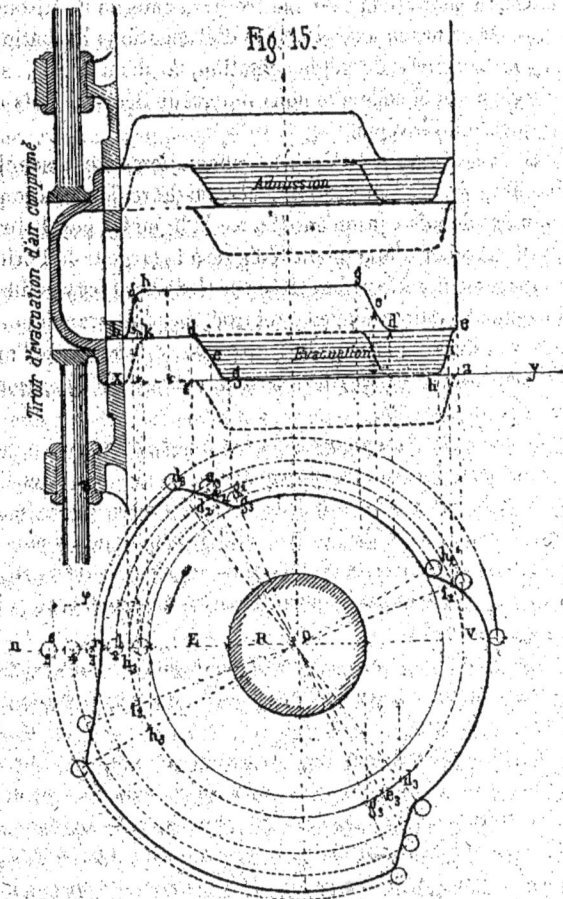

piston, pour que l'évacuation ait lieu par l'orifice considéré mais, il faut évidemment que, pendant sa course de sens ax, alors que l'évacuation se fait par l'autre orifice, les mêmes phases du mouvement de l'autre bord interne du tiroir se reproduisent sur ce second orifice d'évacuation ; la continuation de la courbe de réglementation, à demi-tracée, sera donc identique à celle que nous venons de décrire ; mais elle sera placée à l'inverse.

C'est-à-dire que, le tiroir restant stationnaire pendant le parcours $cd' = bd$ du piston, la courbe de réglementation se confondra depuis c jusqu'en d' avec la ligne bd, puis le tiroir devant marcher d'une quantité égale à la largeur de l'orifice en mouvement uniformément accéléré d'abord, et ensuite en mouvement uniformément retardé, la loi graphique se traduira, depuis d' jusqu'en g' par deux paraboles : l'une, $d'e'$ tournant sa convexité vers $d'b$, et l'autre $e'g'$ tournant sa concavité vers $d'b$.

L'orifice d'évacuation est alors ouvert, et demeure dans cet état jusqu'à ce que le piston arrive k, de façon que l'on ait $kb = ha$, portion finale de la course du piston correspondant à la fermeture de l'orifice ; la loi graphique, depuis g' jusqu'en h' demeurera parallèle à ax et à partir de h' regagnera par les deux paraboles successives $h'i'$ et $i'b$, son point de départ primitif.

En résumé, la courbe de réglementation, que devra satisfaire le mouvement du tiroir d'évacuation, sera la ligne fermée $bdeghicd'e'g'h'i'b$.

La loi de mouvement des bords extérieurs de ce tiroir est évidemment identique à celle que nous venons de tracer, et en est distante de la largeur des bandes ; il suffit donc de donner à ces bandes une largeur égale à celle des orifices et, par conséquent, égale aussi au parcours de ce tiroir pendant une course simple du piston, pour que, à la pleine évacuation par l'un des orifices du cylindre, corresponde la pleine admission par l'autre orifice d'évacuation ; seulement, le commencement de l'admission, par ce dernier orifice, n'aura lieu que lorsque commencera l'évacuation par l'autre orifice. C'est ce que nous montre très-bien le tracé de la loi graphique de mouvements des bords extérieurs du tiroir (fig. 15).

Il n'en résulte pas moins que, pendant la période alternativement inactive de leur fonctionnement, ces tiroirs d'évacuation, en se prêtant à l'admission, placent cette dernière dans des conditions d'une excellence telle qu'aucun autre système ne saurait les procurer.

Quant au tracé du profil de l'excentrique, à course variée, devant produire la loi graphique établie précédemment, il est facile à déterminer.

Soit R le rayon de l'arbre sur lequel l'excentrique est calé, E l'épaisseur minima de cet excentrique, et enfin r le rayon du galet interposé entre l'excentrique et la tige du tiroir à conduire dans la direction On.

La position du centre du galet, correspondant à la fin de la course du tiroir, quand l'orifice d'évacuation est complétement démasqué, est évidemment en 1 sur la ligne on, et cette position doit être occupée par le centre du galet pendant que le piston parcourt le chemin représenté par gh; au commencement de sa course, le galet de conduite du tiroir occupe une position telle, que son centre étant sur le point 5 de la ligne on, on ait $1.5 =$ course $=$ l'ordonné a, et cette position du galet correspondra à la partie $g'h'$ de la course du piston.

Quand le tiroir est au milieu de sa course, alors que l'orifice d'évacuation va commencer à s'ouvrir, le centre du galet conducteur du tiroir est au point 3 de la ligue on, et l'on a : $1.3 = 3.5 =$ la largeur de l'orifice xb.

Cette position du galet doit exister pendant toute la durée de la compression de l'air, dans les premiers instants des courses de refoulement du piston : depuis b jusqu'en d de la course de sens xa (correspondant à l'évacuation de l'air par l'orifice $bcax$), et depuis c jusqu'en d' de la course de sens ax (correspondant à l'évacuation de l'air par l'autre orifice).

Quant aux points remarquables e, i, e', i' de la courbe de réglementation et correspondant au milieu des deux demi-courses du tiroir, leurs ordonnées respectives $\beta = 1.2 = 2.3$ pour ei, $\gamma = 3.4 = 4.5$ pour $e'i'$, les positions correspondantes du centre de galet.

Et, en général, un point quelconque δ de la loi graphique a pour position correspondante du centre du galet conducteur du tiroir une certaine distance 1.6 égale à l'ordonnée φ de ce point.

Remarquons que c'est par la forme de son profil que l'excentrique devra amener le galet dans les positions successives que nous venons de déterminer, il est nécessaire pour cela, qu'en chacune de ses positions, le galet ait un contact tangentiel avec l'excentrique, de sorte qu'il suffirait de renverser le mouvement relatif de l'excentrique par rapport au galet, en supposant que ce dernier tourne circulairement autour de l'excentrique, supposé fixe, pour qu'en traçant la position relative des galets sur les rayons de l'excentrique, on obtienne, par une courbe tangentielle aux diverses positions du galet, la forme du profil cherché.

Pour trouver cette position relative des galets sur les rayons de l'excentrique, représentons par la circonférence de rayon ov, celle décrite par le bouton de la manivelle du piston à vent; cette circonférence de rayon ov va nous permettre de trouver les déplacements relatifs du rayon on (direction du mouvement du tiroir), de l'excentrique correspondant aux déplacements simultanés du piston.

En effet, pendant l'avancement de b en d du piston, dans sa course de sens xa donnant lieu au refoulement de l'air par l'orifice $bcax$, la manivelle et l'excentrique auront dû parcourir angulairement l'espace nod_2, de sorte que, si nous supposons que l'excentrique soit resté fixe, ce sera cet angle

$n \, o \, d_2$ qu'aura dû décrire le rayon $o \, n$; or, pendant la durée de ce parcours, le galet doit demeurer immobile sur $o \, n$, avec son centre au point 3; il s'en suit donc que la courbe de l'excentrique dans le segment $n \, o \, d_2$ est une portion de circonférence, tangentielle au galet, ayant pour position de son centre le point 3.

Puis, le piston, continuant sa course, vient donner pour chemins parcourus des longueurs représentées par les abscisses des points e, g, h, i, c (de la loi graphique correspondant aux espaces angulaires simultanément décrits par la manivelle et l'excentrique),

$$\text{pour le point } e, \; \text{l'angle } n \, o \, e_2;$$
$$\underline{\qquad} \quad \underline{\quad} \quad g, \quad \underline{\quad} \quad n \, o \, g_2;$$
$$\underline{\qquad} \quad \underline{\quad} \quad h, \quad \underline{\quad} \quad n \, o \, h_2;$$
$$\underline{\qquad} \quad \underline{\quad} \quad i, \quad \underline{\quad} \quad n \, o \, i_2;$$
$$\underline{\qquad} \quad \underline{\quad} \quad c, \quad \underline{\quad} \quad n \, o \, v.$$

Si nous supposons encore que l'excentrique demeure fixe, par suite du mouvement relatif, le rayon viendra prendre successivement les positions :

$o \, e_2$ correspondant au point	e	de la loi graphique et les		2
$o \, g_2$ — —	g	centres du galet mobile		1
$o \, h_2$ — —	h	sur le rayon $o \, n$ devront		1
$o \, i_2$ — —	i	se trouver respective-		2
$o \, v$ — —	c	ment en :		3

De même, on aurait dans la partie correspondant à la course de retour du piston, pour positions relatives du rayon $o \, n$:

$o \, d_3$ correspondant au point	d'	de la loi graphique, et		3
$o \, e_3$ — —	e'	les centres du galet		4
$o \, g_3$ — —	g'	mobile sur le rayon		5
$o \, h_3$ — —	h'	$o \, n$ devront se trou-		5
$o \, i_3$ — —	i'	ver respectivement en :		4
$o \, b_2$ — —	b			3

Ces dernières positions du galet servent d'enveloppe au profil de l'excentrique et permettent de le tracer d'une façon assez exacte ; mais si l'on en voulait un tracé plus rigoureux il suffirait de multiplier les points choisis sur la courbe de réglementation et de déterminer les centres de galet correspondant à ces points dans le mouvement relatif du galet autour de l'excentrique ; plus les positions du galet seront rapprochées l'une de l'autre, mieux déterminée sera la courbe de l'excentrique. Du reste, cette détermination n'a de raison d'être que dans les parties de l'excentrique produisant le mouvement du tiroir et correspondant aux portions

$$d\,e\,g, \; h\,i\,c, \; d'\,e'\,g', \; h'\,i'\,b$$

de la loi graphique ; les autres parties de l'excentrique, ne devant produire que le repos du tiroir, sont des portions de circonférence.

On remarquera que, par l'effet de la symétrie du tracé, toutes les lignes menées par le centre o de l'excentrique, et limitées à la courbe de cette sorte de came, sont égales, ce qui lui permettra de tourner, étant insérée dans un cadre, entre deux galets diamétralement opposés.

III. Calcul des souffleries.

Il nous reste à déterminer la puissance des machines motrices de souffleries. — Le calcul rigoureux d'une machine soufflante est très-difficile, si ce n'est impossible, quand on veut tenir compte de toutes les résistances que le vent rencontre depuis son entrée dans le cylindre jusqu'à sa sortie par les tuyères du haut-fourneau. Naturellement, le point de départ de ce calcul est la détermination de la quantité de vent à lancer dans un fourneau, devant produire une quantité de fonte donnée, en vingt-quatre heures.

Pour bien faire saisir le mode de détermination de la quantité d'air à lancer, rappelons succinctement les phénomènes chimiques du haut-fourneau.

Comme dans tous les fours à cuve, deux courants inverses sont en présence dans un haut-fourneau, et réagissent l'un sur l'autre : un courant gazeux, ascendant, dont la température, d'abord fort élevée, décroît graduellement jusqu'à sa sortie par le gueulard du four; un courant solide descendant, formé de minerais, de combustibles et de fondants, dont la température va, par contre, sans cesse croissant sous l'influence du courant gazeux inverse. De ces deux courants, l'un est lent, l'autre fort rapide. Les matières solides descendent rarement avec une vitesse moyenne supérieure à un demi-mètre par heure, tandis que les gaz parcourent le même espace en moins d'une seconde. De plus, la masse d'air injecté dans un haut-fourneau est généralement supérieure aux matières solides chargées au gueulard dans le même temps; et le poids des gaz, quittant le fourneau, est souvent plus que double de celui des produits fondus s'écoulant par les orifices inférieurs.

L'oxygène de l'air, projeté par les machines soufflantes dans le bas des hauts-fourneaux, se convertit plus ou moins en acide carbonique, lequel se transforme presque immédiatement en oxyde de carbone.

Si donc, le fourneau ne contenait aucun oxyde réductible par l'oxyde de carbone, ni aucune substance qui ne fût, par elle-même, en tout ou en partie, volatilisable à de hautes températures, le courant gazeux ne subirait aucun changement de composition dans sa marche ascensionnelle, et le gaz qui se dégagerait en haut consisterait principalement en azote et en oxyde de carbone. Or, il n'en est pas ainsi, car il y a dans le fourneau de l'oxyde de fer, substance aisément

réductible par l'oxyde de carbone ; il y a aussi du calcaire
qui peut être converti en chaux et en acide carbonique, et,
à moins d'employer du carbone chimiquement pur, certaines
matières volatiles se dégagent du combustible. L'oxyde de
fer, en descendant, est réduit en partie par son contact direct
avec le charbon incandescent, mais surtout par l'oxyde de
carbone, et cette réduction peut se faire, et se fait en réalité,
selon le point du four que l'on considère, suivant trois modes
différents (1). En général, l'oxyde de carbone se transforme simplement en acide carbonique qui échappe tel quel
du haut-fourneau, sans autre réaction. Ailleurs, l'acide carbonique ainsi produit reforme partiellement de l'oxyde de
carbone, en brûlant le carbone solide, ce qui conduit, en définitive, sous le rapport chimique et calorifique, au même
résultat que si le carbone solide agissait directement sur
l'oxygène du minerai, pour donner, en dernière analyse, soit
de l'acide carbonique, soit de l'oxyde de carbone.

Si nous recherchons, par kilogramme d'oxygène enlevé
au minerai de fer, les quantités de chaleur absorbées et dé-
gagées dans chacun des trois modes de réduction mention-
nés, nous trouverons que la chaleur absorbée est la même
dans les trois cas ; c'est la chaleur que produirait 1 kilogramme d'oxygène en s'unissant au fer métallique pour former du peroxyde ; cette valeur n'est pas rigoureusement
connue, elle peut varier même avec la nature physique du
peroxyde, mais elle paraît comprise entre 4,000 et 4,500
calories ; désignons par C, ce nombre de calories.

Dans le premier cas, la chaleur dégagée résulte de la
transformation de l'oxyde de carbone en acide carbonique.
Or, chaque kilogramme d'oxyde de carbone, produit 2,403
calories, en prenant à l'oxyde de fer 4/7 kilogrammes

_____

(1) GRUNER. — *Études sur les hauts-fourneaux.*

d'oxygène; d'où il suit que, par kilogramme d'oxygène, la transformation de l'oxyde de carbone en acide carbonique est accompagnée d'un dégagement de chaleur de :

$$\frac{7}{4} \times 2{,}403 = 4{,}205 \text{ calories.}$$

Ainsi, la différence $C - 4{,}205$ représente la chaleur qu'exige finalement, par chaque kilogramme d'oxygène enlevé, la réduction du peroxyde de fer, sous l'action de l'oxyde de carbone passant à l'état d'acide carbonique. Ce premier mode de réduction se fait donc à peu près sans absorption de chaleur.

Dans le deuxième cas, le carbone solide se transforme en acide carbonique par l'oxygène du minerai. Dans ces conditions, le kilogramme de carbone développe 8,080 calories, en s'emparant de $\frac{8}{3}$ kilogrammes d'oxygène, ce qui donne, par kilogramme d'oxygène $\frac{3}{8} \times 8{,}080 = 3{,}030$ calories.

Par suite, la différence $C - 3{,}030$, est la chaleur nécessaire à la réduction, lorsqu'elle s'opère par le charbon solide donnant de l'acide carbonique.

Enfin, dans le troisième mode de réduction, les choses se passent comme si l'oxygène du minerai produisait directement de l'oxyde de carbone avec le carbone solide. Or, 1 kilogramme de carbone développe 2,473 calories lorsqu'il se transforme en oxyde de carbone, et comme il s'empare alors de $\frac{4}{3}$ kilogramme d'oxygène, la chaleur développée par chaque kilogramme d'oxygène est de $\frac{3}{4} \times 2{,}473 = 1{,}855$ calories. Par suite, la différence $C - 1{,}855$ représente le nombre de calories qu'exige la réduction lorsqu'elle se fait par le carbone solide donnant de l'oxyde de carbone.

Comme on le voit, le premier mode de réduction est de beaucoup le plus favorable; par contre, le dernier est fort onéreux. Il importe donc que la réduction du minerai de fer, dans les hauts-fourneaux, se fasse, autant que possible, uniquement suivant le premier mode, c'est-à-dire par l'oxyde de carbone donnant de l'acide carbonique; en d'autres termes sans consommation de charbon solide. C'est ce que M. Gruner appelle la marche idéale des hauts-fourneaux.

Pour réaliser cette marche idéale, ou du moins s'en rapprocher le plus possible, il faut que la réduction se fasse dans une région du fourneau dont la température soit relativement faible; sinon, l'acide carbonique ainsi engendré reformera constamment de l'oxyde de carbone aux dépens du charbon solide. Il est évident que les minerais, faciles à réduire (les mines douces poreuses), réaliseront plus facilement la marche idéale que les minerais compacts et siliceux; mais, en général, quel que soit le minerai, la réduction ne s'achèvera complétement que dans les régions chaudes, où l'acide carbonique reproduira sans cesse de l'oxyde de carbone, et cela arrivera surtout, pour les oxydes autres que l'oxyde de fer, provenant des gangues, tels que la silice, la chaux, la magnésie et l'oxyde de manganèse.

Revenons à la description des phénomènes chimiques du haut-fourneau. Nous avons vu l'oxyde de fer se réduire par son contact direct avec le charbon incandescent, et surtout par l'oxyde de carbone; la température du fourneau allant en croissant à partir de son sommet, et à mesure que la profondeur augmente; vers la région inférieure et la plus chaude, le fer réduit se carbure et se convertit en fonte qui s'égoutte à l'état liquide au fond du creuset. L'oxyde de fer fondu n'est pas pur; il est mêlé de diverses matières terreuses telles que la silice, l'alumine, etc..., et le combustible n'étant

6

pas du carbone pur, cède aussi des matières terreuses ou des cendres. Afin que le fer réduit puisse se séparer, il est essentiel que les matières minérales de ces deux provenances soient liquéfiées; leur nature est ordinairement telle, que la liquéfaction ne peut s'effectuer sans l'addition d'un fondant; la chaux remplit, sous tous les rapports, admirablement cet objet. De plus, quand il se rencontre de la silice, ce qui arrive presque toujours, soit libre, soit combinée, ou encore dans les deux états, si les matières ferrifères et les cendres du combustible ne contenaient pas par elles-mêmes assez de bases terreuses pour former des silicates basiques, il pourrait se produire du silicate de protoxyde de fer qui s'échapperait à l'état de laitier, ce qui occasionnerait une perte considérable de métal. La chaux tend à prévenir cet inconvénient en s'opposant à la formation de silicate de protoxyde de fer, ou, s'il s'en forme, elle le décompose et se substitue au protoxyde de fer.

Malgré cela, dans certaines circonstances, surtout celle d'une forte charge en minerai, c'est-à-dire d'une grande proportion de minerai, par rapport à celle du combustible, cet inconvénient se produit encore. Les laitiers jouent un rôle considérable en protégeant la surface du métal, dans le creuset, contre la décarburation qui pourrait avoir lieu sous l'influence oxydante du vent.

Il résulte de ce qui précède, que les quantités relatives d'acide carbonique et d'oxyde de carbone dans les gaz du gueulard, dépendent essentiellement, pour un lit de fusion donné, du mode de réduction; par suite, le rapport plus ou moins élevé entre les deux gaz, permet d'apprécier le degré de perfection de la marche d'un haut-fourneau.

Un exemple suffira à le prouver. Comparons une bonne marche à la marche idéale, et considérons comme bonne marche celle qui correspond au rapport de l'acide carbonique à l'oxyde de carbone:

$$\frac{CO^2}{CO} = 0,673.$$

C'est, en effet, le cas des meilleurs fourneaux du Cleveland, lorsqu'on tient compte tout à la fois des gaz provenant du coke, et de ceux que fournit la castine.

Supposons, ce qui est aussi le cas des usines du Cleveland, que, par chaque kilogramme de fonte, la consommation réelle soit de 1 kilogramme de carbone pur, et de $0^k,60$ de castine. Calculons d'abord, d'après ces données, le poids de carbone contenu dans les gaz, par chaque kilogramme de fonte produite.

Le coke cède environ $0^k,03$ de carbone au fer.

D'autre part, les $0^k,60$ de calcaire, renferment

$$0^k,60 \times 0,12 = 0^k,072 \text{ de carbone.}$$

Par suite, les gaz contiendront, par kilogramme de fonte produite :

$0^k,970$ de carbone, provenant du coke ;
$0^k,072$ —   —   de la castine.

soit en tout $1^k,042$.

Or, comme le rapport ci-dessus admis, $\dfrac{CO^2}{CO} = 0,673$, correspond à :

0,3 de carbone à l'état de CO^2,
pour 0,7   —   — CO,

on aura, dans les gaz du gueulard :

$0,3 \times 1,042 = 0,3126$ de carbone à l'état CO^2,
$0,7 \times 1,042 = 0,7294$ —   — CO.

Mais, sur les 0,3126 de carbone contenu dans l'acide

carbonique, le calcaire en fournit 0,072, il reste donc comme provenant du coke :

$$0^k,3126 - 0^k,072 = 0^k,2406.$$

Ce qui donne enfin, comme chaleur totale produite par combustion, par chaque kilogramme de fonte sortant du haut-fourneau :

$$0^k,2406 \times 8080 = 1944 \text{ calories} ;$$
$$0^k,7294 \times 2473 = 1804 \quad —$$
$$\text{Total : } \overline{3748 \text{ calories}.}$$

Cette même somme de chaleur devra être engendrée dans la marche idéale, en supposant d'ailleurs, pour plus de simplicité, que dans les deux cas, le vent chaud apporte un égal nombre de calories, et que les gaz emportent aussi la même dose de chaleur sensible.

La marche idéale suppose que la réduction de l'oxyde de fer ait lieu uniquement par l'oxyde de carbone, sans intervention du charbon solide.

Or, il est facile de calculer le poids d'oxyde de carbone, transformé en CO^2, par la réduction du minerai, du moins en ne tenant compte que de l'oxyde de fer proprement dit. Par kilogramme de fonte, on a, dans l'oxyde de fer, $0^k,97$ de fer et $0,97 \times \dfrac{3}{7}$ d'oxygène, et cet oxygène transforme en CO^2 un poids de CO, contenant une quantité de carbone égale aux $\dfrac{3}{4}$ de son poids d'oxygène,

$$\text{soit } \frac{3}{4} \times \frac{3}{7} \times 0^k,97 = 0^k,312.$$

La chaleur produite par ce carbone, dans sa transformation successive en oxyde de carbone au-dessus de la tuyère, et en acide carbonique dans la zone de réduction, est de :

$$0,312 \times 8080 = 2521 \text{ calories.}$$

Par suite, l'oxyde de carbone restant aura à fournir :

$$3748 - 2521 = 1227 \text{ calories.}$$

Or, ces 1227 calories exigeront $\dfrac{1227}{2473} = 0^k,496$ de carbone, qui devra être brûlé auprès de la tuyère. Ce qui donne enfin, comme consommation totale :

$$0^k,030 + 0^k,312 + 0^k,496 = 0^k,838, \text{ au lieu de 1 kil.}$$

Soit, dans le cas de la marche idéale, une économie de :

$$1^k - 0^k,838 = 0^k,162, \text{ par kil. de fonte produite.}$$

Constatons que les quantités relatives d'oxyde de carbone et d'acide carbonique seront, dans le cas de la marche idéale, les suivantes :

$$0^k,312 + 0^k,072 \text{ (provenant de la castine)}$$

$$= 0^k,384 \text{ de carb. dans } CO^2$$
$$\text{et } 0^k,496 \text{ de carb. dans } CO$$

Soit carbone total dans les gaz $\overline{\quad 0^k,880 \quad}$

d'où

$$CO^2 = \frac{11}{3} \times 0,384 = 1^k,408$$

et

$$CO = \frac{7}{3} \times 0,496 = 1^k,157$$

et, par suite,

$$\frac{CO^2}{CO} = 1,217.$$

Ce rapport $\dfrac{CO^2}{CO}$ dans les gaz du gueulard, peut varier entre des limites fort étendues. Dans les usines modernes du Cleveland, qui ont tant d'analogie avec nos usines de Meurthe-et-Moselle, en France, ce rapport est, en général, compris entre 0,50 et 0,70 en cas de bonne marche; il est de 0,35 à 0,40, seulement, lorsque le fourneau est dans de mauvaises conditions; enfin il atteindrait 1,217, si l'on pouvait réaliser la marche idéale. On voit donc que ce rapport est comme la mesure du degré de perfection de la marche du fourneau. A la vérité, d'un district à l'autre, ce rapport variera selon la richesse et la qualité du minerai, la nature et la pureté du combustible, la proportion de castine employée, le numéro de la fonte produite, etc.; mais dans une usine ou dans un district déterminé, ce rapport s'abaissera en dessous ou s'élèvera au-dessus du chiffre idéal dans la mesure de la marche du fourneau.

La détermination directe de ce rapport permet non-seulement de fixer, d'une façon rigoureuse, les quantités absolues d'oxyde de carbone et d'acide carbonique, mais encore d'une façon fort approximative la composition complète des gaz, ainsi que leur poids et celui *du vent*.

La marche ordinaire ou normale du haut-fourneau fait connaître, par kilogramme de fonte produite, les poids de carbone brûlé et de castine consommée. On sait aussi, d'après la qualité de la fonte, la proportion de carbone uni au fer, on peut l'évaluer à environ 3 % dans la fonte de forge ordinaire.

Soit a le carbone par kilogramme de fonte, b le carbone fourni par la castine; d'où, pour le carbone total des gaz,

$$p = a + b - 0^k,03.$$

Si l'on désigne par y le poids d'oxyde de carbone, et par

m le rapport de $\dfrac{CO^2}{CO}$ nous aurons my pour le poids de CO^2;

par suite, pour calculer y, l'équation :

$$\frac{3}{7}y + \frac{3}{11}my = p,$$

formule qui exprime que les quantités contenues dans CO et CO² sont égales au carbone total des gaz.

On en tire

$$y = \frac{77\,p}{33 + 21m}$$

L'oxygène contenu dans les gaz sera de même égal à l'oxygène fourni par le vent et le lit de fusion. C'est ce qu'exprime l'équation :

$$\frac{4}{7}y + \frac{8}{11}my = d + x$$

où x représente l'oxygène apporté par le vent, et d celui que fournissent le minerai et l'acide carbonique de la castine.

De cette équation on tire :

$$x = \frac{y}{77}\left(44 + 56\,m\right) - d$$

ou

$$x = \left(\frac{44 + 56\,m}{33 + 21\,m}\right)p - d$$

Pour avoir x, il faut d'abord déterminer la valeur de d. Si l'oxyde de fer était seul réduit, d serait facile à calculer d'une manière rigoureuse. Il se composerait de deux termes : l'oxygène uni à b de carbone, dans l'acide carbonique de la castine, soit $\dfrac{8}{3} b$; puis, l'oxygène combiné aux $0^k,97$

de fer, soit $\dfrac{3}{7} \times 0^k,97$, si nous admettons le fer à l'état de peroxyde, en sorte que l'on aurait :

$$d = \frac{8}{3} b + \frac{3}{7} \times 0^k,97 = \frac{8}{3} b + \frac{2,91}{7}$$

Mais, en général, la fonte renferme, outre le fer et 3 % de carbone, d'autres éléments, tels que le silicium, le manganèse, etc., provenant aussi du minerai. Or, si l'on connaissait la composition de la fonte, il serait tout aussi facile de calculer l'oxygène provenant de ces divers éléments, que celui fourni par l'oxyde de fer.

En négligeant cette correction, on trouve en général une valeur un peu trop faible pour d, car cela revient à supposer que ces éléments étrangers se trouvaient unis à la même proportion d'oxygène que le fer, tandis que la silice du moins en fournit une dose plus forte.

En partant de la composition moyenne de la fonte, on peut, en tous cas, se rapprocher davantage de la vérité, et obtenir ainsi pour d et pour x des nombres très-peu différents de leur valeur réelle. Supposons une fonte grise de forge (n° 3 et n° 4 de la classification anglaise). On peut admettre comme composition moyenne des fontes peu manganésifères :

Fer.	0,94
Carbone	0,03
Silicium, etc.	0,02
Métaux terreux, etc. . . .	0,01
	1,00

D'après les équivalents, la silice renferme 24 d'oxygène

pour 21 de silicium, ou $\frac{8}{7}$; l'oxygène fourni par la silice
est par suite :

$$\frac{8}{7} \times 0^k,02$$

et cette expression donnerait encore une valeur approchée
de l'oxygène, même si le silicium était en partie remplacé
par le phosphore ou le soufre, puisque l'acide sulfurique
renferme 3 d'oxygène pour 2 de soufre, et l'acide phospho-
rique renferme 5 d'oxygène pour 4 de phosphore. Quant aux
métaux terreux, on sait que :

Dans la chaux, l'oxygène correspond aux 2/5 du métal.

Dans la magnésie, l'oxygène correspond aux 2/3 du
métal.

Dans l'alumine, l'oxygène correspond aux 6/7 du
métal.

On peut donc admettre, comme moyenne approximative,
les 5/7 de $0^k,01$. En tous cas, sur une aussi faible dose,
l'erreur possible sera insignifiante.

D'après cela, la valeur corrigée de l'oxygène total,
fourni par le lit de fusion, sera :

$$d = \frac{8}{3} + b\,\frac{3}{7} \times 0,94 + \frac{8}{7} \times 0,02 + \frac{5}{7} \times 0,01$$

ou

$$d = \frac{8}{3}\,b + \frac{1}{7}\,(2,82 + 0,16 + 0,05) = \frac{8}{3}\,b + \frac{1}{7}\,(3,03),$$

au lieu de l'expression précédente, plus faible

$$\frac{8}{3}\,b + \frac{1}{7}\,(2,91)$$

La valeur de d étant ainsi calculée, on en déduira celle

de x, et l'on aura, pour le poids de l'air lui-même, $4,33\,x$, et pour celui de l'azote du gaz, $3,33\,x$.

Toutefois, cela suppose le vent des tuyères parfaitement sec, tandis qu'en réalité, il est toujours plus ou moins chargé d'eau, ce qui ajoute l'oxygène de la vapeur d'eau à celui de l'air sec.

L'équation $\dfrac{4}{7}\,y + \dfrac{8}{11}\,my = d + x$ donne, par suite, pour x, l'oxygène réuni de l'air et de l'eau, mais il est facile d'en déduire la valeur de l'air sec.

On sait qu'à la température moyenne de 12 à 13 degrés centigrades, le mètre cube d'air renferme, selon l'état hygrométrique de l'atmosphère, entre 4 et 12 grammes d'eau. En admettant la teneur moyenne de 8 grammes, nous aurons pour l'humidité, contenue dans 1 mètre cube d'air pesant $1^k,300$, $\dfrac{8}{1300} = 0,0062$ du poids de l'air sec, et pour l'oxygène, fourni par cette eau, les $\dfrac{8}{9}$ des $0,0062 = 0,0055$ de l'air sec.

Ainsi, en désignant par z le poids de l'oxygène provenant de l'air sec, et par $4,33\,z$ celui de l'air sec lui-même, on aura :

$$x = z + 0,0055 \times 4,33\,z = (1 + 0,0238)\,z$$

et par conséquent,

$$z = \frac{x}{1 + 0,0238} = 0,97677\,x$$

d'où, pour le poids de l'air sec :

$$4,33 \times 0,97677\,x$$

et pour celui de l'air humide :

$$1,0062 \times 4,33 \times 0,97677 \; x.$$

Au sujet de cette méthode indirecte (due à M. Gruner) de déterminer la masse d'air injectée par les tuyères d'un haut-fourneau, observons que, si elle n'est pas rigoureusement exacte, puis qu'elle repose sur une sorte d'analyse théorique de la fonte, elle n'en est pas moins beaucoup plus rigoureuse que toutes les autres. On peut d'ailleurs la rendre aussi exacte que possible en déterminant d'abord, par analyse chimique proprement dite, la composition réelle de la fonte.

On n'a pas toujours recours à la méthode citée précédemment, pour la détermination de l'air injecté par les tuyères d'un haut-fourneau; généralement on se contente d'admettre la marche idéale, c'est-à-dire de supposer que tout le carbone du combustible arrive intact jusqu'aux tuyères et s'y transforme en oxyde de carbone.

On calcule alors le volume d'air injecté à raison de $4^{ms},46$ d'air sec ordinaire, mesuré à la température 0 degré, et sous la pression de $0^m,76$ de mercure, par kilogramme de carbone solide brûlé.

D'après ce mode de calcul, indiqué par MM. Thomas et Laurens, si l'on prend, par exemple, un charbon de bois contenant :

$$0^k,07 \quad \text{d'eau;}$$
$$0 \;,025 \; \text{de cendres;}$$
$$0 \;,14 \quad \text{de matières volatiles,}$$

on trouve que chaque kilogramme de carbone chargé au gueulard, ne représente plus que $0^k,765$ de carbone pur, ce qui donne $3^{ms},374$ d'air à introduire par les tuyères et par chaque kilogramme de charbon dans la charge.

Dans le cas d'un coke moyen renfermant :

$$0^k,05 \; \text{d'eau;}$$
$$0 \;,03 \; \text{de matières volatiles,}$$

et 0 ,12 de cendres,

soit 0 ,80 de carbone pur,

il faudra, au maximum, $3^{mc3},528$ d'air, par chaque kilogramme de la charge.

Or, on a vu précédemment que, même dans le cas d'une bonne marche, le carbone qui atteint les tuyères peut être inférieur de 16 à 17 % au carbone total du coke, ce qui conduit alors aussi, pour le vent, à un écart en dessus de 16 à 17 %.

Une autre méthode, basée sur la formule d'écoulement des gaz par un ajustage conique, fournit pour le volume du vent, lancé par les tuyères d'un haut-fourneau, un chiffre plus élevé encore.

Cette formule, habituellement appliquée d'après d'Aubuisson et Karstein, donne le volume d'air qui passerait par une buse n'ayant à vaincre que la contre-pression de l'atmosphère, tandis qu'en réalité les matières du fourneau opposent une résistance beaucoup plus forte qu'aucune expérience ne saurait fixer rigoureusement.

Outre cela, tout l'air de la buse ne passe pas par l'œil de la tuyère, même lorsqu'elle est fermée, une fraction, quelquefois notable, est refoulée au dehors.

Enfin, une dernière méthode de calcul du volume d'air insufflé, est celle qui est fondée sur le volume engendré par le piston soufflant. On comprend toute l'incertitude qu'elle doit présenter, puisqu'on ne peut apprécier ni les pertes par refoulement, dont je viens de parler, ni celles qui résultent des fuites inévitables du porte-vent et de l'appareil à air chaud, ni surtout celles qui sont dues à l'imperfection des garnitures du piston et des clapets de la machine ; aussi, ne doit-elle être considérée que comme tout à fait approximative.

Il ne suffit pas que le volume d'air exigé par un fourneau

soit déterminé, pour que l'appareil soufflant le soit; de la pression à laquelle le vent doit être fourni dépendent encore les dimensions de la machine.

En général, la pression du vent aux tuyères devrait croître avec la hauteur des fourneaux, la densité des combustibles employés, l'état plus menu des fragments de minerai, leur degré de friabilité, etc...., toutes choses augmentant, pour l'air, l'imperméabilité des charges, tandis qu'en réalité, du moins pour les usines qui emploient les fontes qu'elles produisent, cette pression du vent aux tuyères n'est bornée que par la puissance des souffleries.

On ne peut mieux le remarquer que dans le bassin de la Moselle, où les minerais, consommés par les nombreux fourneaux qui y fonctionnent, sont à peu près de même nature, et ne diffèrent sensiblement entre eux que par leur rendement; où la nature et la provenance des cokes est à peu près la même : mélange de coke belge très-dense, et de coke prussien, beaucoup plus léger et friable que le précédent. Eh bien, on trouve, dans le duché de Luxembourg, des fourneaux de 21 mètres de hauteur, de 7 mètres de diamètre au ventre, et de 80 tonnes de production journalière, qui ne reçoivent le vent qu'à une pression de $0^m,10$ de mercure, et sont soufflés par des tuyères ayant jusqu'à $0^m,200$ de diamètre; tandis que, dans les fourneaux de Hayange, employant une plus grande proportion de coke belge que de coke prussien, et dans ceux de Stiring, employant tout coke prussien, le diamètre maximum des tuyères est de $0^m,090$ et la pression du vent est presque toujours supérieure à $0^m,17$ de mercure, aussi bien aux fourneaux de $4^m,50$ diamètre au ventre, 15 mètres de hauteur (trémie comprise), et 45 tonnes de production, qu'à ceux de $5^m,50$ diamètre au ventre, 19 mètres de hauteur et 65 tonnes de production.

On en trouve la raison dans ce fait : que le Luxembourg, qui n'est que producteur de fontes, ne vise qu'à en tirer le

plus possible de ses fourneaux, en dépensant le moins de travail possible à ses souffleries; tandis que Hayange, qui est à
la fois producteur et consommateur, trouve de son intérêt,
au point de vue de l'élaboration de ses fontes, de marcher à
la pression la plus élevée que lui permettent ses machines
soufflantes (1).

En général, la pression du vent est comprise entre $0^m,035$
et $0^m,080$ de mercure, pour les fourneaux marchant au
charbon de bois, entre $0^m,12$ et $0^m,22$ de mercure pour les
hauts-fourneaux marchant au coke, et dans les fourneaux à
anthracite, cette pression atteint $0^m,38$ de mercure.

La pression du vent doit être telle que, dans les fourneaux fermés, elle soit à peu près nulle au gueulard, ce qui
s'obtient en donnant aux tuyaux de prise de gaz de larges
sections de dégagement, et en les disposant de telle façon,
que les poussières entraînées par les gaz, ne puissent jamais
venir obturer ces conduites; on leur donne environ $0^{m2},02$
par tonne de production journalière du fourneau.

Le volume du vent à lancer, et la pression de ce vent
ayant été déterminés, pour l'établissement d'une soufflerie
dans un cas particulier donné, voici comment, d'après Percy,

---

(1) L'usine des Fourneaux, de Hayange, est isolée et indépendante,
comme direction de celle où se fait le puddlage. On y a remarqué que
la réduction de pression du vent aux fourneaux, amenée par l'arrêt de
l'une des souffleries, pour réparation ou toute autre cause, coïncidait
avec l'arrivée de l'usine du puddlage (ignorant la marche des fourneaux
avec pression de vent réduite), de reproches sur la difficulté et la len-
teur d'affinage des fontes livrées. L'expérience étant venue vérifier la
supposition que cette coïncidence avait fait naître : que l'affinage des
fontes est d'autant plus rapide qu'elles sont produites à plus haute
pression, toutes autres choses égales, d'ailleurs, on prit le parti de marcher en tirant des souffleries toute la pression qu'elles sont capables de
fournir.

on peut calculer le travail nécessaire au fonctionnement de cette soufflerie à établir.

Soit A la section du cylindre soufflant, L la longueur de la course, exprimée en mètres, et N le nombre de courses simples par minute; le volume d'air en mètres cubes, à la pression atmosphérique, aspiré par le cylindre en une minute, sera égal à $N A L$.

S'il y a plus d'un cylindre, on calculera, de cette manière, le contenu de chacun, et la somme Q sera le volume d'air consommé par minute, à la pression atmosphérique, pression que nous représenterons par P kilogrammes, par centimètre carré.

Ceci posé, l'action de la machine consistera d'abord à comprimer cet air à la pression existant dans le régulateur, puis, à le faire passer dans ce réservoir, ce qui en réduira le volume. Désignons donc par p la pression relative, c'est-à-dire l'excédant sur la pression atmosphérique de la pression du réservoir, évaluée en kilogrammes par centimètre carré, la pression totale sera : $P' = P + p$.

Puis, représentons par Q' le volume d'air fourni par minute sous cette pression.

Alors, d'après la loi de Mariotte, la température étant constante, nous aurons :

$$Q' = Q \frac{P}{P'}$$

L'action de la machine continuant, l'air passe par une série de tuyaux, et pendant ce temps, du moins pour les fourneaux à air chaud, l'air s'échauffe à de hautes températures. Il subit par là deux modifications : d'abord, il y a une légère perte de pression due au frottement de l'air sur les parois des tuyaux; et, en second lieu, le volume est augmenté considérablement par l'élévation de température.

Le frottement, le long des tuyaux, dépendra de leur

surface, de la rapidité du passage de l'air, et de sa pesanteur spécifique.

La première quantité peut aisément se calculer, en multipliant la longueur des tuyaux parcourus par leur périmètre intérieur. Représentons cette surface en mètres carrés par f.

La vitesse d'écoulement de l'air, et sa pesanteur spécifique, varient dans les tuyaux à mesure que l'air s'échauffe davantage ; et afin de réduire ces éléments à un calcul simple, il faudra prendre une moyenne pour chacun d'eux.

Soit donc v, la vitesse moyenne en mètres par seconde, et S le poids moyen en kilogrammes de 1 mètre cube de l'air qui s'écoule. Puis, soit a la surface moyenne de la section d'un tuyau évaluée en mètres, et p' la perte de pression provenant du frottement.

Alors, nous aurons :

$$p' = \frac{f S v^2}{M a}$$

(formule dans laquelle on peut reconnaître la forme de celle de Daubuisson), expression dans laquelle M est un coefficient, que l'on peut considérer approximativement comme égal à 30,500,000.

D'où la pression absolue de l'air à la fin de l'écoulement, que nous désignerons par P'', sera :

$$P'' = P' - p',$$

soit, pour la pression relative :

$$p'' = p - p'.$$

En second lieu, nous avons à trouver l'accroissement de volume causé par la chaleur. On sait que, pour chaque degré centigrade d'élévation de température, le volume d'air augmente d'environ 0,00365 de son volume à 0 degré.

Si donc, Q représente le volume initial à la température $t°$ centigrade, et Q'' le volume à une température $T°$, nous aurons :

$$Q'' = Q' \frac{1 + 0,00365\, T}{1 + 0,00365\, t} \quad (1)$$

On a maintenant, à la fin du parcours de l'air dans les tuyaux, la quantité Q'' (en mètres cubes) d'air par minute, à la pression relative p' (en kilogrammes par centimètre carré); et c'est dans ces conditions que l'air s'échappera des tuyaux par l'orifice des tuyères, pour alimenter les fourneaux.

Les dimensions de ces orifices doivent correspondre au volume et à la pression de l'air qui s'en échappera; l'on trouvera, d'après ces données, que leur proportion est celle-ci :

Soit α la surface totale des orifices, et v'' la vitesse exprimée en mètres par seconde, de l'air qui sort par ces orifices; le volume, par minute (qui doit être Q''), sera égal à :

$$60\, \alpha\, v''.$$

Mais, suivant les règles de la pneumatique, si S'' est le poids de 1 mètre cube de l'air qui s'écoule, p'' sa pression relative, et m le coefficient de contraction pour la dimension de l'orifice et sa forme (coefficient que nous pouvons considérer, pour les tubes coniques, comme égal à 0,94), nous aurons :

$$v'' = m \sqrt{\frac{2 \times g \times 10000\, p''}{S''}}$$

---

(1) Le volume sera aussi un peu modifié par la diminution de pression résultant du frottement; mais cette modification est faible, et l'on peut la négliger.

7

d'où

$$Q'' = 60 \, \alpha \, m \sqrt{\frac{2 \times g \, 10000 \, p''}{S''}}$$

Cherchant la valeur de S'', soit, W le poids de 1 mètre cube d'air à la pression atmosphérique moyenne, ou P, et à la température de 0 degré, on peut l'évaluer à environ $1^k,293$:

$$S'' = W \frac{P \times p''}{P (1 \times 0,00365 \, T)}$$

et par substitution :

$$\alpha^2 = \frac{Q''^2 \, W (P \times p'')}{2 \times 60^2 \times g \, 10000 \, p'' \, m^2 \, P (1 \times 0,00365 \, T)}$$

ou en simplifiant :

$$\alpha^2 = \frac{(P \times p'') \, W \, Q''^2}{72000000 \, g \, p'' \, P \, m^2 (1 \times 0,00365 \, T)}$$

d'où l'on peut déduire les surfaces de tuyères.

Le travail T_r nécessaire au fonctionnement des pistons à vent, peut donc être calculé comme suit, en kilogrammètres et par course : $10000 \, A \, L \, P$ log. hyp. $\dfrac{P'}{P}$

et si N est le nombre de courses simples par minute, le travail effectif en chevaux, exigé par la machine, sera :

$$\frac{N \, A \, L \, P \, \log. \left(\dfrac{P'}{P} \right)}{0,45} = T_r \text{ par seconde et en chevaux vapeur.}$$

Nous devons remarquer que, dans ces calculs, il n'est pas tenu compte des fuites, ni d'aucun des défauts mécaniques de l'appareil; et à l'égard de la force en chevaux de la machine, il n'est pas davantage tenu compte du frottement ni des autres pertes ordinaires des machines à vapeur; ces diverses circonstances affectent toujours, plus ou moins, le résultat du calcul; mais leur proportion est, suivant les différents cas, très-variable, et doit toujours être déterminée, dans chacun d'eux, par une évaluation pratique.

En somme, il ne serait pas prudent de compter sur un rendement supérieur à 0,85 pour les cylindres à vent, ni sur un rendement plus élevé que 0,80 pour les cylindres à vapeur (1); ces chiffres, qui supposent un très-grand degré de perfection à ces organes et à leur marche, ne conduisent cependant qu'à un rendement effectif maximum de $0,80 \times 0,85 = 0,68$, que la plupart des souffleries sont loin d'atteindre.

Dans l'établissement des calculs précédents, nous avons dû remarquer qu'il est impossible d'évaluer exactement le travail dû aux frottements de l'air, depuis sa sortie du cylindre soufflant jusqu'aux tuyères, en passant par les appareils à air chaud, parce que dans ce cas, ce travail devient une fonction de la température et de la vitesse d'écoulement de l'air, lesquelles sont variables toutes deux, dans les diverses parties de l'appareil. Il en résulte, qu'après avoir dû recourir à force hypothèses en admettant une section moyenne, une vitesse moyenne d'écoulement, et un coefficient constant de frottement, on n'obtient qu'un résultat plus ou moins discutable. Plutôt que de chercher à déterminer ces frottements variables, pour le même haut-fourneau, d'une tuyère à

---

(1) Des expériences faites au Creusot, il résulterait que le rendement des souffleries augmente légèrement avec la vitesse donnée aux pistons. — Cela doit tenir uniquement au moindre refroidissement intérieur que doit éprouver le cylindre à vapeur, par suite des admissions plus rapprochés et des *émission de moindre durée*; ce qui, en *diminuant la condensation de la vapeur à son entrée dans le cylindre*, en augmente l'*effet utile*.

l'autre, par suite de causes permanentes, telles que le nombre des coudes de la conduite, leur rayon de courbure, la forme des appareils à air chaud et leur disposition par rapport aux tuyères, etc..., ou de causes accidentelles, telles que le débit moins grand par une tuyère que par une autre, etc..., causes impossibles à prévoir et même à faire entrer dans le calcul, mieux vaut choisir un coefficient pour tenir compte de toutes les pertes de pression dues au frottement, en comparant le cas à traiter avec des installations déjà faites dans des conditions analogues. Ainsi, on a reconnu que dans des appareils à air chaud, bien établis, la perte de charge due aux frottements, est presque toujours inférieure à $0^m,02$ de pression de mercure, en adoptant ce chiffre pour l'influence de l'appareil à air chaud, et y ajoutant un second chiffre variable avec la vitesse du vent dans la conduite, le développement et la conformation de celle-ci, d'environ $0^m,01$ de pression de mercure, le plus généralement, quand la vitesse du vent n'est pas supérieure à 15 mètres, que la longueur de la conduite n'excède pas 50 mètres, et que les coudes, qui peuvent s'y trouver, ne sont pas à angles vifs, on est certain de ne pas avoir une machine trop faible.

En somme, il convient de compter sur un excédant de pression de $0^m,03$ de mercure de l'air du cylindre soufflant sur le vent entrant dans la tuyère; il n'est pas rare de voir ce chiffre encore dépassé.

Quant à l'échauffement du vent, pendant sa compression dans le cylindre, j'ai bien des fois constaté que pour des pressions de $0^m,18$ de mercure, l'élévation de température est d'environ 20 degrés centigrades.

Quelqu'insignifiante que paraisse la surcharge apportée par la dilatation correspondant à ce faible échauffement, elle est déjà à considérer; et pour des pressions plus élevées, il serait indispensable d'en tenir compte, si l'on tenait à apprécier rigoureusement le travail de la compression.

Le calcul $T_r = \int p\,dv$ devrait se faire à l'aide de la loi de Poisson et de Laplace : $p\,v^\gamma = $ constante, qui s'applique à la détente ou à la compression d'un gaz qui ne reçoit pas de chaleur.

La valeur $\gamma = \dfrac{c}{c'}$, rapport de la chaleur spécifique, sous pression constante à la chaleur spécifique sous volume constant, est égale à $\dfrac{4}{3}$ pour l'air. On a donc $p = \dfrac{P\,V^{\frac{4}{3}}}{v^{\frac{4}{3}}}$, et,

$$T_r = \int_V^{V_1} p\,dv = P\,V^{4/3} \int \frac{dv}{v^{4/3}} \; 3\,P\,V^{4/3} \left(\frac{1}{\sqrt[3]{V_1}} - \frac{1}{\sqrt[3]{V}} \right)$$

travail nécessaire pour comprimer le volume primitif V_1, et l'amener au volume final V, sous la pression P.

Pour une pression très-étendue, comme on en rencontre dans la construction des compresseurs d'air, on peut dresser, à l'aide de cette formule, un tableau donnant les quantités de travail qu'il est nécessaire de développer pour amener un volume donné d'air à un autre volume plus faible, et donnant également la pression finale due à cette compression.

Pour obtenir ce tableau, il suffit de calculer les compressions pour 1 mètre cube de volume final, en posant :

$$V_1 = 1 \qquad V = 1, 2, 3, 4, \ldots \text{etc.}$$

d'où

$$P_1 = V^{\frac{4}{3}}$$

On trouve ainsi :

Pour $V = 2^{m3}$ ramenés à $V_1 = 1^{m3}$; P_1 la pression finale $= 2^{atm},52$; et T, travail de compression $= 16,120^{kgm}$.

» 3 »	»	»	4 ,33 »	41,410
» 4 »	»	»	6 ,35 »	72,800
» 5 »	»	»	8 ,55 »	110,000
» 6 »	»	»	10 ,90 »	151,800
» 7 »	»	»	13 ,40 »	198,300
» 8 »	»	»	16 ,» »	248,000
» 9 »	»	»	18 ,70 »	301,300
» 10 »	»	»	21 ,60 »	358,000
» 20 »	»	»	54 ,30 »	1,063,000

Le volume initial V et le volume final V_1 étant donnés, ou bien la pression finale P_1, on peut arriver par la construction graphique de ce tableau, à déterminer rapidement toutes les valeurs intermédiaires de T, de P_1 et de V.

Fig. 16.

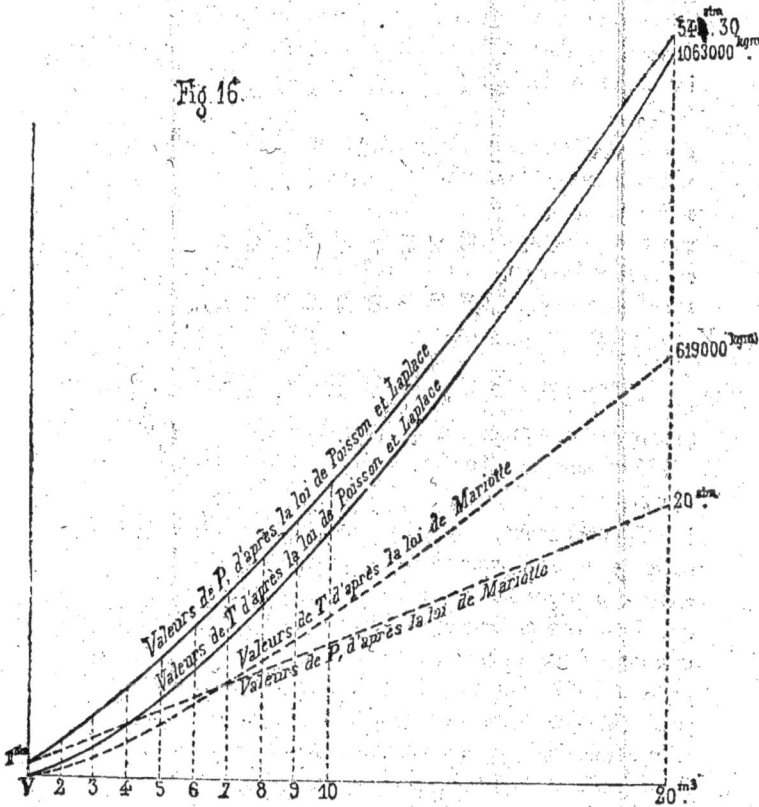

(Fig. 16) Pour cela, il suffit de prendre sur une épure, à une certaine échelle, les valeurs de V pour abscisses, et de porter sur les ordonnées correspondant à ces abscisses, et aussi à une échelle quelconque, les valeurs de T et de P_1 relatives à celles de V. En réunissant par une ligne continue chacun des deux points obtenus sur les ordonnées, on aura deux courbes, dont l'une représentera le travail de compression, et l'autre les pressions finales calculées d'après la loi de Laplace et Poisson, tenant compte des phénomènes calorifiques qui se développent lors des variations de pression de l'air.

V_1 et V étant donnés, en ramenant V_1 à 1 mètre cube, et déterminant la valeur de V correspondante, pour la prendre comme abscisse (à l'échelle de l'épure), l'ordonnée élevée sur cette abscisse viendra couper chacune des deux courbes précédemment tracées, et donnera, par sa rencontre avec la courbe des valeurs de P_1, la pression finale (à l'échelle des ordonnées P_1) résultant du degré de compression $\dfrac{V}{V_1}$; par sa rencontre avec la courbe des valeurs de T, la longueur de cette ordonnée donnera (à l'échelle des ordonnées T) le travail correspondant à ce même degré de compression.

P_1 étant donné, en déterminant, d'après l'échelle adoptée, la longueur de l'ordonnée à laquelle il correspond dans la courbe des pressions primitives, et portant cette longueur sur l'axe des ordonnées, en menant une parallèle à l'axe d'abscisses par ce point, cette parallèle viendra rencontrer la courbe des valeurs de P_1 en un point dont l'abscisse donnera (à l'échelle) la valeur de V correspondant à $V_1 = 1$. L'ordonnée de ce point de rencontre, en venant couper la courbe des valeurs de T, donnera aussi, par sa longueur (à l'échelle des ordonnées T), le travail correspondant à la pression finale P_1 donnée, par $V_1 = 1$ mètre cube.

Pour comparer ces résultats à ceux auxquels on arriverait en négligeant les effets calorifiques développés, il suffit de calculer, d'après la loi de Mariotte, le travail résistant correspondant aux mêmes degrés de compression, en se servant de la formule

$$T = P\,V \log. \text{hyp.}\ \frac{V}{V_1}, \text{ et posant encore :}$$

$$V_1 = 1 \qquad V = 1, 2, 3, 4, \text{etc.,}$$

d'où

$$P_1 = V.$$

On trouve ainsi :

$P \times V = 2$ m3 ramené à $V_1 = 1$ m3	P_1 pression finale $= 2$ atm.	et T, trav. de compr. $= 14,330$ kgm.
» 3 »	» 3 »	» 34,060 »
» 4 »	» 4 »	» 57,310 »
» 5 »	» 5 »	» 83,170 »
» 6 »	» 6 »	» 11,110 »
» 7 »	» 7 »	» 140,800 »
» 8 »	» 8 »	» 172,000 »
» 9 »	» 9 »	» 204,400 »
» 10 »	» 10 »	» 238,000 »
» 20 »	» 20 »	» 619,200 »

Pour mieux constater, que ne le permet ce tableau, la différence des résultats obtenus, suivant que l'on tient compte ou non du dégagement de chaleur dû à la compression, on peut répéter sur l'épure (fig. 16) la construction précédente, et trouver deux nouvelles lignes, dont l'une représenterait le travail résistant, et l'autre les pressions finales, si la température demeurait constante pendant toute la durée de la compression.

En comparant l'une à l'autre les deux courbes relatives aux pressions et les deux courbes relatives au travail résistant, on reconnaît combien le dégagement de chaleur, trop souvent négligé, altère les résultats donnés par la loi de Mariotte ; et combien fait croître à la fois : la pression finale et le travail de compression, l'échauffement de l'air résultant de ce dégagement de chaleur ; et cela, en proportion d'autant plus grande que le degré de compression est plus élevé.

Ainsi, pour une réduction de volume au vingtième, la pression de l'air atteint 54 atmosphères, et le travail résistant développé arrive à 1,063,000 kilogrammes par mètre cube d'air comprimé, tandis que suivant la loi de Mariotte, on n'eût trouvé pour pression finale que 20 atmosphères, et pour travail de compression que 620,000 kilogrammes pour le même volume.

Du reste, si on le voulait, il serait facile de trouver, à peu près, la température de l'air correspondant à ses divers degrés de compression, en acceptant le chiffre 420 pour l'équivalent mécanique de la chaleur.

La chaleur dégagée par la compression est :

$$A^{\text{calories}} = \frac{T}{420} \text{ (travail résistant)},$$

et la chaleur absorbée par un degré d'échauffement du volume d'air comprimé est :

$$c = V \times 1^k,30 \times 0,237$$

($1^k,30$ étant le poids du mètre cube d'air et $0,237$ étant la chaleur spécifique de l'air).

La température produite sera donc :

$$T^o = \frac{A}{c} = \frac{T}{(V \times 1,30 \times 0,237)\ 420}$$

Pour $V = 2$ mètres cubes :

$$T^o = \frac{16,120^{kgm}}{2 \times 1,30 \times 0,237 \times 420} = 62^o,3$$

$V = 5$ mètres cubes :

$$T^o = \frac{110,000^{kgm}}{5 \times 1,30 \times 0,237 \times 420} = 171 \text{ degrés.}$$

$V = 10$ mètres cubes :

$$T^o = \frac{358,000^{kgm}}{10 \times 1,30 \times 0,237 \times 420} = 280 \text{ degrés.}$$

$V = 20$ mètres cubes :

$$T^o = \frac{1,063,000^{kgm}}{20 \times 1,30 \times 0,237 \times 420} = 416 \text{ degrés.}$$

Ces températures considérables expliquent bien la nécessité à laquelle la pratique a amené les constructeurs d'opérer la compression en présence d'eau : soit en masses relativement grandes, si l'eau est extérieure au vase où s'opère la compression; soit en quantité assez limitée, si elle est à l'intérieur; car, alors, la vaporisation d'une faible quantité d'eau absorbe des quantités de chaleur considérables (1).

IV. Construction des Souffleries.

Avant de terminer cette étude sur les souffleries, je crois devoir y ajouter les considérations suivantes, relatives à l'agencement entre eux des principaux organes de ces machines.

Quoiqu'il soit possible d'obtenir dans un cylindre à air un fonctionnement horizontal de piston assez satisfaisant, au moyen de glissières convenablement disposées, ce système laisse beaucoup à désirer dans les puissantes souffleries où le poids énorme des pistons à vent et à vapeur donne lieu, par leur déplacement horizontal, à des frottements considérables, qui deviennent une cause d'usure nécessitant de fréquentes et délicates vérifications dans le réglage des coulisseaux et un entretien de graissage très-dispendieux.

Le mouvement vertical des pistons à vent et à vapeur est loin d'exiger un entretien aussi soigneux et constant que le système horizontal, dans lequel les défauts augmentent avec le poids des pièces mobiles; aussi pour les fortes machines soufflantes, le système vertical est-il à peu près généralement le seul adopté.

---

(1) Ces températures élevées expliquent aussi l'insuccès de certains appareils à air comprimé, tels que freins, etc., dans lesquels l'échauffement des organes, provoqué par leur contact avec l'air, devient un obstacle matériel à leur fonctionnement, par suite des grippages produits.

La température primitive de l'air devrait évidemment être ajoutée à ces chiffres calculés.

Mais, ce système vertical dans les nombreuses dispositions plus ou moins rationnelles auxquelles il donne lieu, peut n'être pas toujours exempt de reproches.

En général, toute cette variété de dispositions peut se ramener aux trois types suivants :

1° Le cylindre à vapeur peut être placé au-dessus du cylindre à vent, et les pistons liés l'un à l'autre, être doués

Fig. 17.

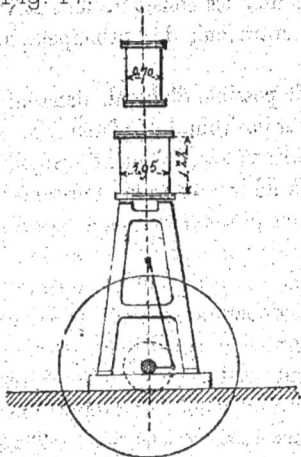

d'un mouvement commun (machine soufflante Coulthard, fig. 17);

2° *Vice-versa*, le cylindre à vent peut être placé au-dessus du cylindre à vapeur, et les pistons liés l'un à l'autre, posséder un mouvement commun (machine soufflante Cockerill, pl. 1 et 2);

3° Enfin, le cylindre à vapeur et le cylindre à vent peuvent être placés chacun à l'une des extrémités d'un balancier de telle façon que le mouvement de chacun des deux pistons ait lieu simultanément; mais, en sens inverse (machine soufflante Cadiat, pl. 3 et 4).

Au point de vue de la stabilité, le premier de ces systèmes est médiocre. En effet, le cylindre à vapeur y vient occuper le sommet de la construction; de tous les organes de la soufflerie, c'est dans celui-là que se développent les efforts les plus grands, et comme l'action de ces efforts est verticale, ils peuvent être parfaitement assimilés à des charges dues à la pesanteur.

Or, dans toute construction, la stabilité recommande de réserver la partie inférieure aux pièces les plus lourdes.

À l'aide de dispositions bien étudiées, il serait encore possible de corriger le défaut de stabilité de ce type de souffleries, si l'on n'avait à combattre à la fois les variations très-considérables d'intensité des efforts verticaux qui agissent dans le cylindre à vapeur et se reportent sur les supports, et encore le changement de sens dans lequel se développent ces efforts.

Il en résulte que les supports, toujours très-longs, du cylindre à vapeur, sont alternativement tendus ou comprimés et malgré la grandeur des dimensions transversales qui leur sont données, ils cèdent plus ou moins à ces efforts en s'allongeant ou se contractant de quantités peut-être excessivement faibles, mais capables cependant de produire des vibrations d'autant plus sensibles que ces supports sont plus élevés.

Ces vibrations, toujours dangereuses, finissent à la longue par disloquer les joints des bâtis et causer un ébranlement général dans la charpente de la machine par suite de la déformation lente et accélérée des surfaces de joints.

La deuxième type de souffleries est de beaucoup supérieur au précédent, quoiqu'il paraisse se prêter aux mêmes reproches.

En effet, dans ce deuxième type, le cylindre à vent, qui occupe le faîte de la machine étant bien plus large que le cylindre à vapeur, dans le premier type, permet, en général, de donner à ses supports un écartement plus considérable et par suite une base plus étendue qui en augmente considérablement la stabilité; mais ce qui surtout enlève le plus de leur valeur aux reproches d'instabilité, c'est que les pressions les plus élevées dans le cylindre à vent, étant très-inférieures aux pressions maxima qui se développent dans le cylindre à vapeur, ne peuvent plus apporter aux supports du cylindre supérieur qu'une fatigue relativement minime.

Aussi rencontre-t-on dans ce type de très-bonnes machines soufflantes : les nouvelles souffleries établies par le Creusot, les souffleries Quillacq, et les souffleries Cockerill si répandues dans l'Est de la France, en Prusse, en Belgique, etc.

La première soufflerie Cockerill ne date que de 1853 ; elle fut construite pour la Société de l'Espérance, à Seraing, et elle fonctionne toujours dans de bonnes conditions (1). Les pistons à vent et à vapeur étaient montés directement sur la même tige, le piston soufflant avait un diamètre de $1^m,830$, et une course de $2^m,440$. L'arbre faisait 10 tours par minute, la détente était faible, la condensation n'était pas encore appliquée. Les chaudières étaient chauffées directement à la houille, la question d'économie de vapeur était alors peu importante dans ce pays producteur de houille, où les houillères restaient encombrées par les menus.

---

(1) Cette machine soufflante devait occuper un espace extrêmement resserré où il était impossible d'élever des constructions fournissant à un bâti d'autres points d'appui stables que la base.

Cette situation des lieux, en contraignant à l'adoption d'un système occupant aussi peu de place que possible en longueur, rend la description de ce système d'autant plus intéressante que, depuis, il a servi de point de départ et de type à divers constructeurs : le Creusot, Quillacq, pour l'établissement d'assez bonnes souffleries.

Depuis, les conditions se sont modifiées peu à peu, la production des hauts-fourneaux a augmenté dans une proportion considérable, la puissance des souffleries a dû croître dans la même proportion. D'autre part, la houille est devenue plus chère, tandis que le prix de la fonte a baissé; il a fallu réaliser à la fois, économie de combustible et économie de vapeur qui ont été demandées à l'emploi de la détente et de la condensation.

C'est ainsi que les machines Cockerill ont vu leur diamètre de piston soufflant porté successivement de 1^m,830 à 2^m,130, puis à 2^m,500, puis à 2^m,640 et enfin à 3 mètres comme dans celle qui figurait à l'exposition de Vienne, et dont nous donnerons la description plus loin. La pression du vent, de 1 mètre est arrivée à 3^m,25 et même jusqu'à 4 mètres d'eau; la condensation n'a pas tardé à être appliquée, de même que la grande détente, ce qui a conduit à l'emploi de deux cylindres à vapeur, suivant le système Woolf.

C'est sans doute à la disposition de leurs organes, et à tous les progrès économiques réalisés, que doit être attribué le succès toujours croissant de ces machines soufflantes livrées par la Société Cockerill; ainsi, tandis que la machine qui figurait à l'exposition de Paris, en 1867, était la quarante-et-unième, celle qui fut exposée à Vienne, l'an dernier, était la cent-troisième sortie de ses ateliers, et suivant la notice distribuée par le représentant de cette Société à Vienne, il s'en trouvait encore vingt-cinq en construction à cette époque.

Enfin, c'est dans les machines soufflantes à balancier, formant le troisième type, que se rencontrent les plus puissants appareils qui aient été exécutés.

Ces souffleries à balancier, très-appréciées et répandues, donnent toujours un jeu excellent quand tous les éléments en sont convenablement établis.

Cependant, sous le rapport de la stabilité, on rencontre

fréquemment une construction vicieuse, je veux parler de l'emploi de quatre ou même seulement de deux colonnes pour supporter un entablement sur lequel viennent reposer les balanciers de ces machines ; sous l'influence prolongée des mouvements alternatifs des balanciers et des efforts qui en dérivent, l'assemblage des colonnes et de l'entablement finit par jouer et permettre aux supports de balanciers des oscillations qui ne peuvent être que réduites et non supprimées par les tirants auxquels on est contraint de recourir pour s'y opposer.

De larges piles en maçonnerie, sous lesquelles les paliers de balanciers viennent s'ancrer solidement par de forts tirants, sont de beaucoup préférables aux colonnes comme

Fig. 18.

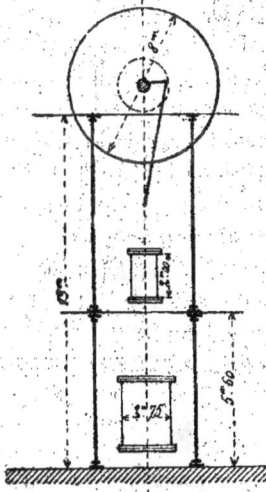

soutènement de balanciers, non-seulement par l'accroissement de stabilité qu'elles procurent ; mais encore par l'effet de la

8

masse qu'elles présentent aux vibrations qui tendraient à se produire.

Bien plus que les précédents, ce troisième type de souffleries se prête à la multiplicité des positions relatives de ses organes.

Dans les machines horizontales, en général, et dans les machines des deux premières catégories où le piston à vent et le piston à vapeur, étant attelés l'un à l'autre, ne permettent pas d'interposer le volant (dont nous avons constaté l'importance), entre la puissance et la résistance, ce volant doit être nécessairement reporté sur l'arbre de couche.

On peut dire que dans les souffleries du premier type, les constructions ont autant cherché à réaliser la surveillance

Fig. 19.

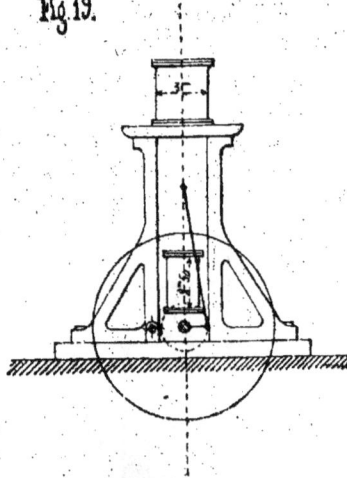

commode de l'arbre de couche, en le plaçant, avec le volant qu'il porte, sur le sol, à la partie inférieure de la construction (machine soufflante Coulthard), qu'à remplir les meilleures conditions de stabilité.

Le Creusot qui, dans les souffleries de ce système (fig. 18), n'avait pas craint de placer l'arbre de couche supportant un volant de 40,000 kilogrammes, au-dessus du cylindre à vapeur, a dû renoncer à cette disposition pour ses dernières machines soufflantes (fig. 19). On conçoit, en effet, qu'une pareille masse mouvante, située au faîte de la construction, puisse ébranler le bâtiment sur lequel elle repose dès que sa vitesse devient un peu considérable; aussi, dans ces machines, ne peut-on dépasser la vitesse de 14 tours par minute, à raison de 2 mètres de longueur de course des pistons à vent et à vapeur, sans tout faire trembler. Tandis que, dans les énormes souffleries de Dowlais et d'Ebw-Wale, on peut marcher à la vitesse de 17 tours; à raison de 3^m,66 de longueur de course de piston à vent, sans qu'il en résulte le moindre ébranlement.

Ce vice de disposition du volant, en limitant la vitesse de ces souffleries, empêche évidemment d'en tirer tout le produit dont elles sont capables.

Dans le deuxième type, l'arbre de couche et ses volants sont également ramenés sur le sol au moyen d'une longue traverse qui répartit l'effort du piston à vapeur, à transmettre aux volants, par deux bielles embrassant le cylindre à vapeur, et attaque deux volants situés chacun en porte-à-faux aux extrémités de l'arbre de couche.

Cette division de l'effort et cette répartition du poids des volants, ne peut qu'être favorable aux fondations et à la stabilité générale de la machine.

Cependant, si l'on n'y prend garde, cette disposition peut donner lieu à un défaut capital résultant du voisinage trop grand des *paliers* de l'arbre de couche et du *cylindre à vapeur*, en dessous et de chaque côté duquel ils sont situés. Ces paliers peuvent, en s'échauffant, augmenter d'une façon notable le frottement déjà si élevé de l'arbre de couche dans ses collets, et par suite de l'usure des coussinets plus ou moins inégale et rapide, qui en résulte, entraîner la dénivellation de cet arbre de couche.

Dans les souffleries à balancier, l'emplacement du volant est bien plus arbitraire, il peut occuper facilement la place qui lui est rationnellement assignée : entre la puissance et la résistance; ou être rejeté indifféremment du côté de la puissance ou de la résistance.

Quand la machine soufflante est à condensation, il est peu prudent de placer l'arbre de couche entre la pile supportant le balancier et les fondations du cylindre à vapeur déjà si découpées pour recevoir les organes de condensation qui doivent se trouver en contre-bas de ce cylindre; la place de l'arbre de couche, dans ce cas, est de l'autre côté du balancier, entre la pile sur laquelle repose ce dernier et le cylindre à vent.

Quelle que soit la disposition adoptée, pour que l'arbre de couche puisse trouver place entre le pile et le

Fig. 20.

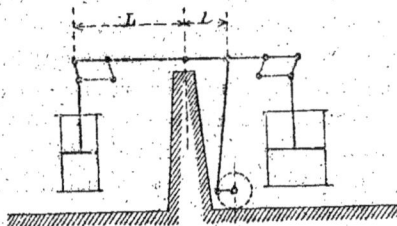

cylindre à vapeur, ou entre la pile et le cylindre à vent, la longueur du levier l de commande (fig. 20) de la bielle, sera plus faible que la longueur L du levier du piston à vapeur. Or, au commencement de la course des pistons, tout le travail développé dans le cylindre à vapeur doit passer dans le volant; en cet instant, la pression de la vapeur est à son maximum, et la bielle et la manivelle sont en ligne droite; il en résulte que l'effort exercé sur le piston à vapeur est transporté entièrement sur la manivelle dans le rapport $\dfrac{L}{l}$ des leviers du piston à vapeur et de la bielle.

Ainsi, l'effort initial, déjà si élevé sur le piston à vapeur, va encore se trouver multiplié par ce rapport $\dfrac{L}{l}$ des leviers, pour se reporter intégralement en compression ou en traction sur les fondations du bâti (portant les paliers de l'arbre de couche) par les boulons qui les relient.

Au point de vue de la fatigue des fondations, la position de l'arbre de couche est d'autant plus défavorable que le levier l est plus court. Ainsi, l'arbre de couche placé près du cylindre à vent étant nécessairement plus rapproché de l'axe du balancier que s'il était près du cylindre à vapeur (par suite du moindre diamètre de celui-ci), cette position de l'arbre de couche, du côté du cylindre à vent, ne vaut pas celle qu'il serait possible d'obtenir dans une machine sans condensation en plaçant l'arbre de couche aussi près que possible du cylindre à vapeur, et cette dernière disposition est encore supérieure à la précédente, parce qu'elle a l'avantage de ne soumettre à l'effort initial de la vapeur que la partie très-courte du balancier comprise entre la tête du piston à vapeur et l'axe de la tête de bielle.

Pour que les fondations résistent à des efforts aussi élevés que ceux donnés par les dispositions de l'arbre de couche entre la puissance (cylindre à vapeur) et la résistance (cylindre à vent), il n'est pas prudent de trop compter sur leur cohésion; il est plus sage de ne se reposer que sur leur poids et alors de les embrasser le mieux possible par de nombreux points d'ancrage du bâti, de façon à utiliser aussi complétement que possible le poids du massif.

Ce système entraîne à des fondations coûteuses, les construire avec parcimonie serait courir le risque de les voir se disloquer, en compromettant les principaux organes de la soufflerie.

Si, au lieu de placer l'arbre de couche entre les cylindres à air et à vapeur, on le rejette en dehors, ce que permet le balancier par un allongement ou corne qui peut ne pas être considérable, au lieu d'augmenter sur les fondations du bâti l'effet de la pression initiale de la vapeur qui s'y reporte par la manivelle, on le diminue dans le rapport $\frac{L}{l}$ des longueurs du levier du piston à vapeur et de la bielle (fig. 21).

Cette disposition, de beaucoup préférable aux précédentes, si l'on ne tient pas compte du plus grand emplace-

Fig. 21.

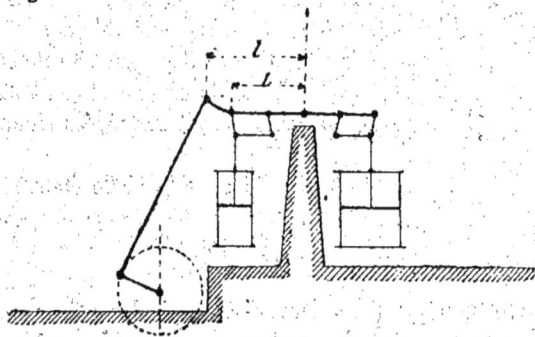

ment qu'elle exige, est cependant assez rare en France, tandis qu'en Angleterre elle se retrouve dans presque toutes les grandes usines nouvellement construites ou restaurées.

Il faut reconnaître, cependant, que l'on rencontre pas mal de souffleries de ce système assez défectueuses.

Ainsi qu'on a dû le remarquer, l'allongement sur le balancier du levier de la bielle augmente la course de celle-ci et par conséquent le rayon de manivelle, ce n'est que par suite de cette augmentation que les efforts qui lui sont transmis par le piston à vapeur peuvent être réduits. Or, à cet allongement de rayon de manivelle correspond un allongement proportionnel de longueur de bielle, si l'on veut demeurer dans de bonnes conditions de transformation de mouvement.

Il en résulte que, pour conserver un rapport convenable entre la longueur de la bielle et le rayon de la manivelle, on est forcé de placer l'arbre de couche sur un sol quelquefois de beaucoup inférieur à celui des cylindres, ce qui nuit presque toujours à l'entretien des tourillons de cet arbre de couche isolé dans un bas-fond. Et de plus, par suite de cette différence de niveau entre le sol des cylindres et celui de l'arbre, le massif des fondations, dont la base s'étend sur un même plan horizontal, atteint un très-grand volume.

Pour rapprocher le plan d'assise des cylindres de celui du bâti sur lequel repose l'arbre de couche et son volant, plusieurs dispositions particulières sont employées simultanément.

D'abord, le point d'articulation de la bielle étant placé au-dessus de l'axe de figure du balancier par un relèvement en forme de corne de sa partie prolongée, permet au plan d'assise du bâti de remonter d'autant que ce point d'articulation est élevé sur l'axe de figure du balancier.

Ensuite, en plaçant l'arbre de couche du côté du cylindre à vapeur, de préférence au côté du cylindre à vent, il peut être plus rapproché de l'axe d'oscillation du balancier, et par conséquent, le levier de la bielle devenant aussi court que possible, donne lieu à un rayon de manivelle et à une longueur de la bielle minima.

Enfin, en rejetant le point d'articulation de la bielle sur

le balancier, hors d'aplomb de l'axe de la manivelle, de telle
façon que la bielle soit inclinée vers l'axe d'oscillation du
balancier, dans ses positions haute et basse, on peut encore
réduire, au delà de ce qu'avait pu permettre le rapprochement de l'arbre de couche près du cylindre, la longueur du
levier de la bielle; mais cette dernière disposition, si fré-
quente, est d'autant plus vicieuse que la bielle est plus forte-
ment inclinée.

L'inspection de l'épure (fig. 22), nous fait reconnaître
qu'en effet, l'obliquité de la bielle, dans la position la plus

Fig. 22.

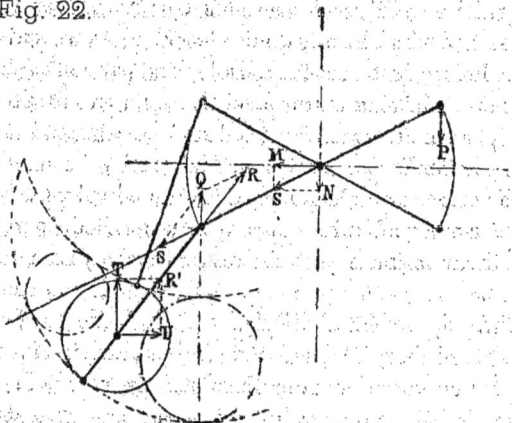

basse du balancier, donne naissance à deux efforts : R sur la
bielle et S sur le balancier, résultant de la décomposition de
la force de traction Q apportée par le balancier pour le
relevage de la bielle.

L'un de ces efforts R, agissant par traction sur la bielle,
et se reportant sur le palier de la manivelle s'y décompose à
son tour en deux autres T et U produisant, le premier, un ar-
rachement ou soulèvement du palier qui doit être détruit

par la résistance d'ancrage de ce palier, et le second U (dû entièrement à l'obliquité de la bielle), donnant lieu à une poussée horizontale sur ce palier, poussée qui ne peut être combattue que par l'encastrement de ce palier dans la maçonnerie des fondations.

L'autre résultante S, de la décomposition de Q dans le balancier, se décompose également sur l'axe de ce balancier en deux autres efforts : l'un N tend à appliquer l'axe sur ses supports, et l'autre M (qui n'est dû qu'à l'obliquité de la bielle), détermine une poussée horizontale sur les supports du balancier, laquelle poussée ne peut être détruite que par la stabilité de la pile en maçonnerie dans laquelle doivent être encastrés les supports du balancier, ou par un ensemble de tirants combattant cette poussée, si le balancier est soutenu par des colonnes; et chacun connaît le vice des tirants employés dans ce cas, leur élasticité permettant au chapiteau des colonnes un certain mouvement, dont l'amplitude ne cesse de croître avec le temps, a une influence désastreuse sur l'assemblage de ces colonnes, avec leur chapiteau et les supports du balancier.

Remarquons que les poussées horizontales U et M croissent très-rapidement avec l'obliquité de la bielle dans la position la plus basse du balancier; ces poussées horizontales atteindraient même l'infini, si la bielle arrivait dans le prolongement de l'axe du balancier; quand ce dernier occupe sa position inférieure.

Si nous avions considéré le balancier quelques instants avant son relevage, nous aurions trouvé ces mêmes efforts ; mais agissant en sens contraire, les considérations précédentes eussent été applicables.

Pour la bielle, il résulte enfin de son obliquité une surcharge, qui peut être énorme, dans les efforts qu'elle transmet à la manivelle; aussi n'est-il pas rare de remarquer dans les machines de ce genre, que cette surcharge se tra-

duit vers le passage de l'angle le plus obtus, formé par la
bielle et le balancier, par des broutements ou vibrations de
la bielle aussi désagréables que nuisibles à toute la construction. Ce défaut est d'autant plus sensible que la bielle ou le
balancier est plus court.

Une dernière considération est que le rayon de manivelle diminue à mesure qu'augmente l'inclinaison de la
bielle, ce qui corrobore ce que nous avons dit précédemment
sur l'augmentation, avec l'obliquité de la bielle, des efforts
agissant sur la manivelle.

Pour résumer tout ce qui précède, nous pouvons conclure qu'au point de vue du rendement :

1° La meilleure soufflerie est celle dans laquelle la vitesse d'entrée et de sortie de l'air, donnée par le rapport du
volume décrit par le piston, en une seconde, à la section des
orifices d'admission et d'évacuation du vent, est la plus
faible ;

2° Une distribution à tiroirs peut être très-satisfaisante
dans une soufflerie, si l'on fait en sorte que les entrées et les
sorties de vent soient réglées par deux tiroirs indépendants ;

3° Bien qu'il soit possible d'établir de bonnes souffleries
horizontales, il est préférable de recourir au système vertical
pour les puissants appareils soufflants ;

4° Dans le système vertical, les machines à balancier,
avec volant entre cylindres, exigent des fondations plus solides que celles avec volant en dehors des cylindres ; mais
avec des fondations convenablement établies, les premières
peuvent être excellentes ;

5° L'appareil à vapeur le plus convenable, pour la conduite d'un piston à vent, est celui du système Woolf dans
lequel la détente est également répartie à l'intérieur de
chacun des deux cylindres ;

6° Enfin, le système vertical, à cylindre à vent, super-
posé au cylindre à vapeur et à deux volants, peut, si les sup-

ports du cylindre à vent et la semelle sur laquelle ils reposent, satisfont à toutes les conditions de stabilité et de rigidité, ne le céder en rien au système vertical à balancier et lui être supérieur, au contraire, par le peu d'emplacement qu'il demande.

Les dernières souffleries Cockerill sont peut-être les plus parfaites de ce genre; tout en alliant à leur caractère de simplicité un certain cachet de hardiesse, elles réalisent la plupart des conditions devant être considérées comme desiderata à obtenir.

Ainsi, la machine soufflante exposée à Vienne en était un spécimen vraiment imposant, c'était, en effet, la plus volumineuse machine de toute l'exposition. De $11^m,450$ de hauteur totale à partir du sol, et de $16^m,450$ à compter du fond de la fosse des volants, cette machine ne pèse pas moins de 115,800 kilogrammes, elle peut suffire à l'alimentation d'un haut-fourneau produisant 80 tonnes et même 100 tonnes de fonte par 24 heures. En marche avec une pression de quatre atmosphères effectives aux chaudières, et une pression de $0^m,20$ de mercure au porte-vent, elle fait 12 tours ½ par minute (1); débitant ainsi environ de 400 mètres cubes d'air pris à la pression atmosphérique. Cette machine, représentée par les planches 1 et 2, est du type II; des machines plus considérables encore, et dénommées type III, sont en construction dans les ateliers de la Société Cockerill.

Ces machines sont construites de telle sorte qu'elles n'ont besoin d'autre point d'appui que leur semelle, tous les efforts se développent uniquement entre des pièces solidement assemblées entre elles. En effet, la plaque d'assise inférieure, qui porte les paliers de l'arbre des volants et les

_____

(1) Cette vitesse peut atteindre 15 tours.

cylindres à vapeur, porte aussi de robustes colonnes creuses, pesant ensemble (dans le type II) 12,116 kilogrammes, dont la tête va directement se fixer à la base du cylindre soufflant, qui surmonte le tout.

La tête et le pied de ces colonnes sont encastrés, et une simple traverse les relie vers le milieu de leur hauteur, moins pour leur servir d'entretoise que pour recevoir le plancher destiné à permettre la visite et le graissage des pièces en mouvement.

Les cylindres à vapeur, à garnitures métalliques, sont au nombre de deux, suivant le système Woolf, ils ont pour diamètre : le petit $0^m,730$, le grand $1^m,060$.

Rapport des sections, 1 à 2. Ils sont enfermés dans une enveloppe commune de vapeur, en communication à la fois avec la chaudière et la chapelle d'admission au petit cylindre. Ces deux cylindres sont réunis à la plaque générale de fondation par l'intermédiaire de six courtes colonnes en fonte, qui servent à les exhausser suffisamment pour que l'arbre des volants puisse passer entre les cylindres et cette plaque.

Les tiges des deux pistons à vapeur sont en acier, au diamètre de $0^m,110$ pour le petit piston, et de $0^m,115$ pour le grand ; elles aboutissent à une solide traverse en fer forgé qui doit remplir des fonctions diverses. D'abord, elle sert à reporter l'effort des tiges des deux pistons à vapeur, distantes de $1^m,075$, sur la tige unique du piston soufflant, placée dans l'axe de la machine. Ensuite, elle sert à transmettre, par le moyen de longues bielles, le mouvement de rotation à l'arbre des deux volants, placés hardiment en porte-à-faux de chaque côté de la machine. Elle sert encore à assurer le mouvement rectiligne des tiges de pistons, guidée qu'elle est par de larges patins entre les glissières venues de fonte avec les colonnes. Enfin, elle sert, par l'intermédiaire d'un balancier, à transmettre le mouvement à la pompe à air, ainsi qu'à une pompe soulevante pour l'eau de condensation, à une pompe de circulation d'eau dans les tuyères, à une pompe alimentaire des chaudières, etc.

Les formes de cette traverse, dont le rôle est très-important, sont rationnellement étudiées jusque dans les moindres détails. On peut remarquer, notamment, l'inégalité entre les distances du point d'attache de la tige des pistons à vapeur, par rapport à la tige du piston soufflant, inégalité qui a pour but de procurer, dans la limite du possible, l'égalité de l'effort moyen sur les deux bielles qui, partant des extrémités de la traverse, vont aboutir au bouton de manivelle porté par le moyeu de chacun des volants. Aux points morts, ces bielles doivent pouvoir supporter tout l'effort de la vapeur sur les deux pistons.

La distribution de vapeur s'effectue au moyen d'un arbre à cames, en relation, par des engrenages, avec l'arbre des volants et de six soupapes équilibrées. Pour réaliser divers degrés d'admission, il suffit de changer les cames. Avec une pression effective de quatre atmosphères aux chaudières et de $0^m,20$ de mercure au vent, on peut réaliser une détente telle que le volume final de vapeur soit cinq fois son volume initial; avec des pressions de vent moindres, on peut encore pousser la détente beaucoup plus loin.

Comme les pistons marchent dans le même sens, il est clair que la vapeur qui sort par le bas du petit cylindre doit agir, dans le grand cylindre, par le haut.

Il en résulte des conduites d'une longueur assez considérable, puisque la course des pistons est de $2^m,440$.

Pour éviter la condensation dans ces conduites, on a eu soin de les faire en fonte épaisse, et surtout de les entourer de feutre. Par-dessus le tout existe une enveloppe en bois; la même précaution a, du reste, été prise pour les cylindres à vapeur.

Pour arriver à de grandes détentes, avec une pression

initiale de quatre atmosphères, force est de recourir à l'emploi de la condensation. La machine exposée était, en effet,
munie d'un condenseur, dont la pompe à air et la pompe
soulevante, destinée à aller chercher l'eau nécessaire à la
condensation, quand cela est nécessaire, sont installées, avec
ce condenseur, dans une vaste bâche en tôle toujours pleine
d'eau. On est sûr, par cette disposition, d'éviter les rentrées
d'air au condenseur, et de condenser dès le premier moment
de la mise en marche.

Tout cet attirail de pompes, qui se trouve logé en contre-
bas du sol, reçoit le mouvement par l'intermédiaire de balanciers, reliés par des bielles à la grande traverse de la machine. Cette disposition, outre qu'elle permet de donner aux
divers pistons un mouvement vertical, présente encore cet
avantage qu'elle fournit le moyen de réduire la course des
pompes dans des limites de vitesse convenables, et aussi
d'équilibrer une partie du poids des pièces en mouvement.

Il est à remarquer que la pompe à air, la pompe éléva-
toire et la pompe des tuyères sont à simple effet, et qu'elles
agissent quand le piston monte. C'est encore là une source
d'équilibre pour les pistons à vapeur et soufflant. Le complément d'équilibre est réalisé par les volants dont la jante
est creuse sur une partie de son développement, juste en
regard des boutons de manivelle, ce qui équivaut à un
contre-poids placé à l'opposé de ces mêmes boutons, par rapport au centre. Il en résulte que la machine n'ayant pas plus
de tendance à s'arrêter en un point plutôt qu'en un autre, la
mise en marche peut toujours se faire avec facilité, malgré
les poids considérables qu'il s'agit de déplacer quand, par
hasard, l'arrêt s'est produit au point mort; et encore, en pré-
vision de ce dernier cas, la jante des volants porte, sur son
pourtour extérieur, un certain nombre de cavités circulaires,
dans lesquelles le mécanicien engage un levier, au moyen
duquel il peut faire tourner à la main.

Le piston de la pompe à air, à garnitures de bronze, a une course égale à la moitié de celle des pistons à vapeur, soit 1^m,220; son diamètre est de 0^m,700. Il est muni d'un clapet en caoutchouc, formé d'un disque unique reposant sur un grillage en bronze.

Deux clapets semblables se trouvent, l'un à la partie inférieure, l'autre à la partie supérieure de la pompe à air; ces clapets sont constamment noyés, ce qui est la meilleure condition pour qu'ils soient étanches.

Le piston de la pompe soulevante, dont la course est la même que celle du piston de la pompe à air, présente un diamètre de 0^m,300; il est à garniture de cuir et porte un clapet également en cuir. Ce piston est suspendu à l'une des extrémités de la traverse, guidée en ligne droite au-dessus de la pompe à air, traverse qui reçoit le mouvement des deux bielles reliées aux deux balanciers, et le renvoie au piston de la pompe à air. A l'autre extrémité de cette même traverse est pendu le piston de la pompe des tuyères, dont le diamètre est de 0^m,200. Sa garniture est en cuir et il porte un clapet de cuir comme le précédent.

La pompe alimentaire des chaudières est à piston plongeur, au diamètre de 0^m,140; sa course est moitié de celle du piston de la pompe à air; elle est directement actionnée par une bielle articulée sur l'un des balanciers.

Chaque balancier se compose de deux plaques en tôle, reliées de distance en distance par des entretoises et aussi par l'arbre commun qui les porte, et par les boutons des diverses bielles auxquelles ils donnent, ou dont ils reçoivent le mouvement.

Le cylindre soufflant, dont le diamètre est de 3 mètres, pèse 8,310 kilogrammes sans les couvercles; il repose sur un socle en fonte. Son couvercle inférieur, dans lequel viennent s'encastrer les quatre puissantes colonnes qui le portent, présente, comme le couvercle supérieur, des boîtes à clapets pour l'aspiration et pour le refoulement du vent.

Les clapets d'aspiration, qui offrent une section de passage plus grande que les clapets de refoulement, sont enfermés dans quatre grandes caisses rectangulaires et trois petites. Les dimensions de l'orifice d'insertion de ces caisses sur les fonds du cylindre, sont : $1^m,185 \times 0,405$ pour les grandes, $0^m,550 \times 0,405$ pour les petites, soit 1/6 de la surface du piston à vent. Les grandes caisses sont divisées en deux dans le sens de leur longueur, et comme les clapets sont étagés deux par deux, suivant une certaine inclinaison, le long des parois longitudinales des caisses ; il y a en définitive quarante-quatre clapets d'aspiration sur chacun des fonds du cylindre ; ces clapets sont en cuir rendu rigide par une feuille de tôle à laquelle ce cuir est rivé (1). Ils reposent sur un grillage en fonte, leur levée est très-faible, et leur disposition faiblement en dehors de la verticale (2), est telle que de leur propre poids ils retombent sur leur siége.

Les clapets de refoulement sont logés, à l'origine de la conduite de refoulement, dans une enveloppe en tôle (en forme de D, en section horizontale), dont la face plane vient se boulonner, par ses extrémités supérieure et inférieure sur un coude venu de fonte, avec chacun des fonds du cylindre, qui, de cette façon, se trouvent réunis. Le nombre des clapets de refoulement est seulement de six sur chaque fond ; leur siége commun présente, pour

---

(1) Dans les clapets des cylindres à vent de souffleries, à Hayange, le cuir qui vient battre sur le siége est du cuir blanc ; on a remarqué qu'il sèche moins vite que l'autre ; les clapets d'aspiration sont à simple cuir, les clapets de refoulement sont à double cuir.

(2) Cette disposition presque verticale des clapets est très-favorable à leur bon fonctionnement ; mais, dans les souffleries verticales, elle entraîne à un espace mort beaucoup plus considérable que dans les souffleries horizontales, où les clapets se placent directement sur les fonds.

section de passage libre, $1^m,350 \times 0,615$, ce qui est peu; ce siége porte un grillage divisé en deux dans le sens de la longueur, et en trois dans le sens de la hauteur.

Chaque caisse des clapets d'aspiration peut être visitée directement; pour visiter les clapets de refoulement, il faut pénétrer dans la conduite de refoulement par un trou d'homme, ménagé à cet effet dans l'enveloppe en forme de D, dont il a été parlé précédemment.

De cette même enveloppe, en forme de D, part la conduite de refoulement, laquelle est en tôle de 5 millimètres d'épaisseur et de $0^m,950$ de diamètre intérieur; elle se dirige horizontalement ou verticalement, suivant le cas, pour aboutir aux appareils à air chaud, et finalement aux tuyères du haut-fourneau.

Le piston soufflant est en fonte, au diamètre de 3 mètres, sa garniture est formée d'un cercle unique en fonte, maintenu pressé contre les parois du cylindre, au moyen de douze ressorts en acier, logés dans des cavités ménagées au fond de la gorge dans laquelle ce segment vient se loger; une vis de pression permet de régler chaque ressort. Ce cercle de garniture est maintenu en place au moyen d'un anneau boulonné sur le piston, anneau qui constitue la joue supérieure de la gorge dans laquelle se loge la garniture. On peut donc visiter cette garniture et la remplacer au besoin après avoir enlevé le couvercle supérieur du cylindre.

Les volants sont, comme il a été dit, au nombre de deux, et placés à chacune des extrémités d'un même arbre passant sous les cylindres. Le diamètre des volants est de $7^m,540$, le poids de chacun d'eux est de 16,560 kilogrammes, soit un total de 33,120 kilogrammes. Le moyeu est d'une seule pièce, les bras sont au nombre de huit, correspondant à autant de segments de la jante.

La jante présente cette particularité que sa section nor-

9

male a la forme d'une ellipse, ce qui s'harmonise assez bien
avec la forme circulaire des colonnes.

L'arbre des volants, dont la longueur totale est de
$3^m,328$, présente un diamètre de $0^m,305 \times 0,407$ dans les
fusées, et de $0,305 \times 0,350$ aux portées de calage. Au milieu,
le diamètre est de $0^m,270$; cet arbre pèse 2,000 kilogrammes
environ.

Avec une pression de quatre atmosphères effectives aux
chaudières, et de $0^m,20$ de mercure au réservoir de vent, la
machine fait 12 tours 1/2 par minute, et donne un travail
de 230 chevaux vapeur à l'indicateur.

Quand il s'agit d'alimenter plusieurs hauts-fourneaux,
on groupe côte à côte autant de machines qu'il est nécessaire
dans le même bâtiment. C'est alors surtout que l'on apprécie
l'exiguïté de la place occupée en plan par ces machines.

Ainsi, ce système de soufflerie verticale, à détente
Woolf, à peu près également répartie dans chacun des deux
cylindres, réunit bien les meilleures conditions d'emploi de
la vapeur, au point de vue de la fatigue de la machine. Et,
si les organes de distribution de la vapeur, dans ces cylindres, étaient tels qu'ils permissent à chacun des pistons,
dans son mouvement rétrograde final, de comprimer assez la
vapeur dans les espaces nuisibles pour que, dans ceux du
grand cylindre, elle soit ramenée de la pression du condenseur à celle existant dans le petit cylindre à la fin de la
course; que, dans ceux du petit cylindre, elle soit amenée
de sa pression à fin de course, à sa pression primitive (1);
et que, de plus, au départ du piston à vent, la réaction due

---

(1) Suffisamment étendue, la compression finale de la vapeur
d'échappement annule, dans un cylindre à vapeur, l'influence de l'espace nuisible; et, en surchauffant les parois du cylindre et du piston,
s'oppose à la condensation de la vapeur à son entrée. (Voir l'*Annuaire
1871-1872* : *Étude sur la distribution de la vapeur dans les machines*.)

à l'air comprimé, renfermé dans l'espace mort du cylindre
à vent, soit détruite, on aurait une soufflerie à peu près par-
faite.

Quant aux craintes d'instabilité tirées du léger hors
d'aplomb qui s'est manifesté dans la machine exposée à
Vienne, immédiatement après son montage, il est évident
qu'elles sont exagérées, parce que posée sur des fondations
provisoires, faites dans un sol rapporté, cette soufflerie
était loin de réaliser les conditions de stabilité existant

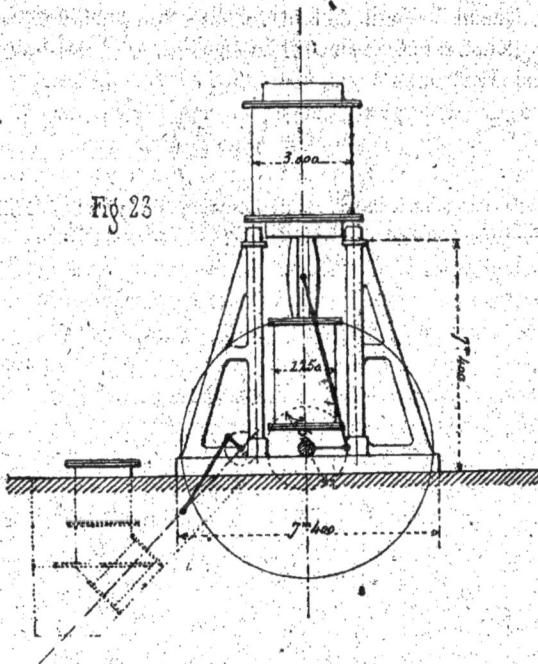

Fig. 23

dans une installation définitive. Du reste, pour reconnaître le peu de raison d'être de ces craintes, il suffit de

voir fonctionner ces souffleries avec leur cylindre à vent enserré dans le plancher de service.

Remarquons enfin, que si les souffleries Quillacq (1) (fig. 23), et celles du Creusot (fig. 19), offrent, dans le sens de la poussée des bielles sur les glissières, une base plus étendue que celle des souffleries Cockerill; dans ces dernières, en raison de la détente Woolf répartie dans chacun des deux cylindres à vapeur, la poussée des bielles sur les glissières est beaucoup plus faible, et que, dès lors, avec une longueur de base moindre, elles peuvent présenter le même degré de stabilité que les premières (fig. 23 et 19), dans lesquelles la détente de la vapeur s'opère entièrement à l'intérieur d'un cylindre unique.

ED. DENY.

---

(1) Chacun des deux volants de cette soufflerie, pèse 28,000 kilos, ce qui fait un poids total de 56,000 kilos pour leur ensemble.

TABLE DES MATIÈRES

Paris. — Imp. J. DEJEY & Cᵉ, rue de la Perle, 18.

SOUFFLERIE COCKERILL (Type II)
de 230 chevaux.

Pl. 1

Echelle, 0.035 pour 1 mètre.

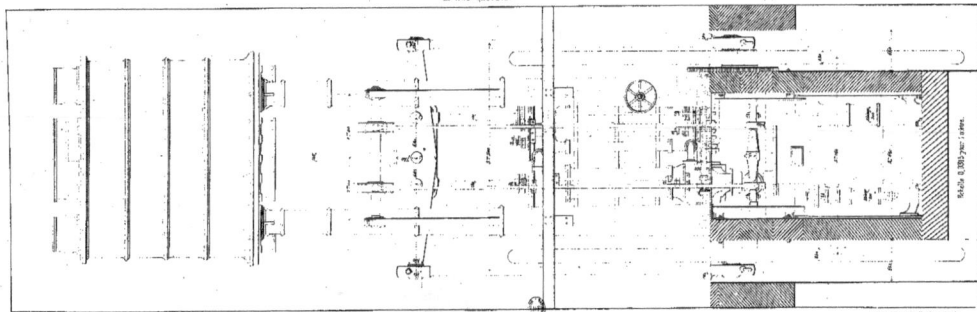

Imp. de l'École Centrale.

J. Dupuy & C.ᵉ 10, R. du la Perle.

SOUFFLERIE CADIAT
de 160 Chevaux.

Pl.3.

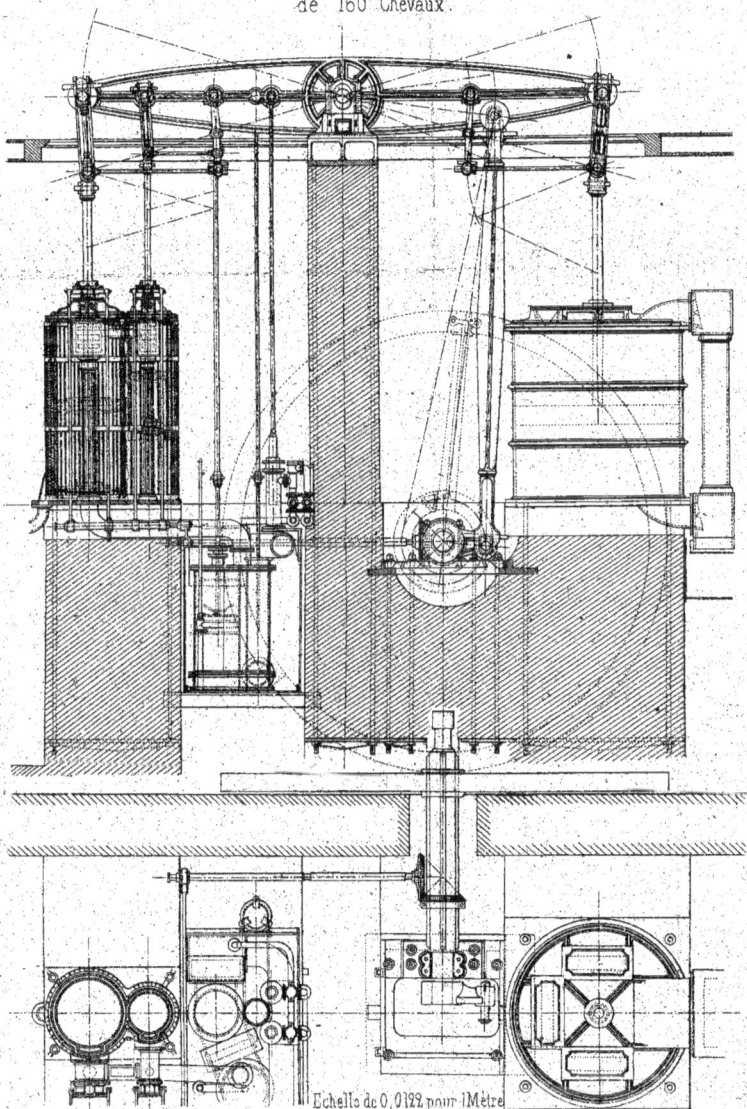

Echelle de 0,0122 pour 1Mètre

SOUFFLERIE CADIAT
de 160 Chevaux.

Pl.3.

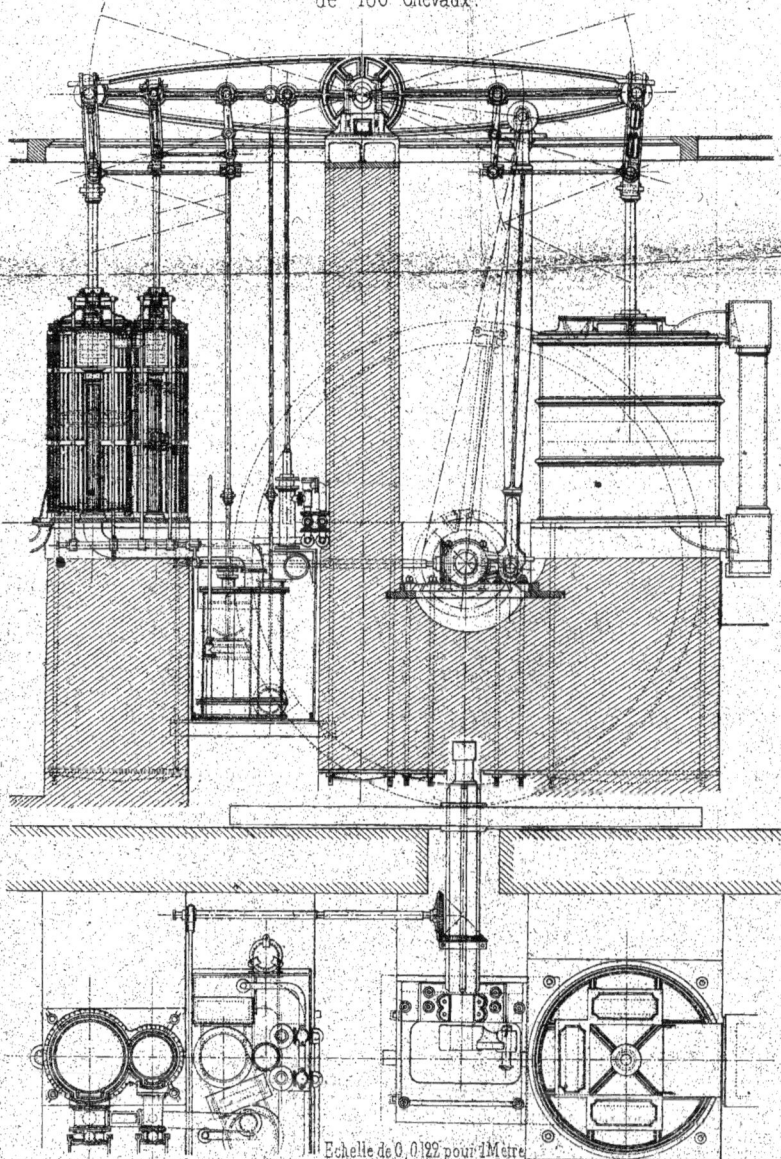

Echelle de 0,0,122 pour 1 Metre.

SOUFFLERIE CADIAT

de 160 Chevaux.

Pl.4.

Détails des Cylindres & des Boites à vapeur.

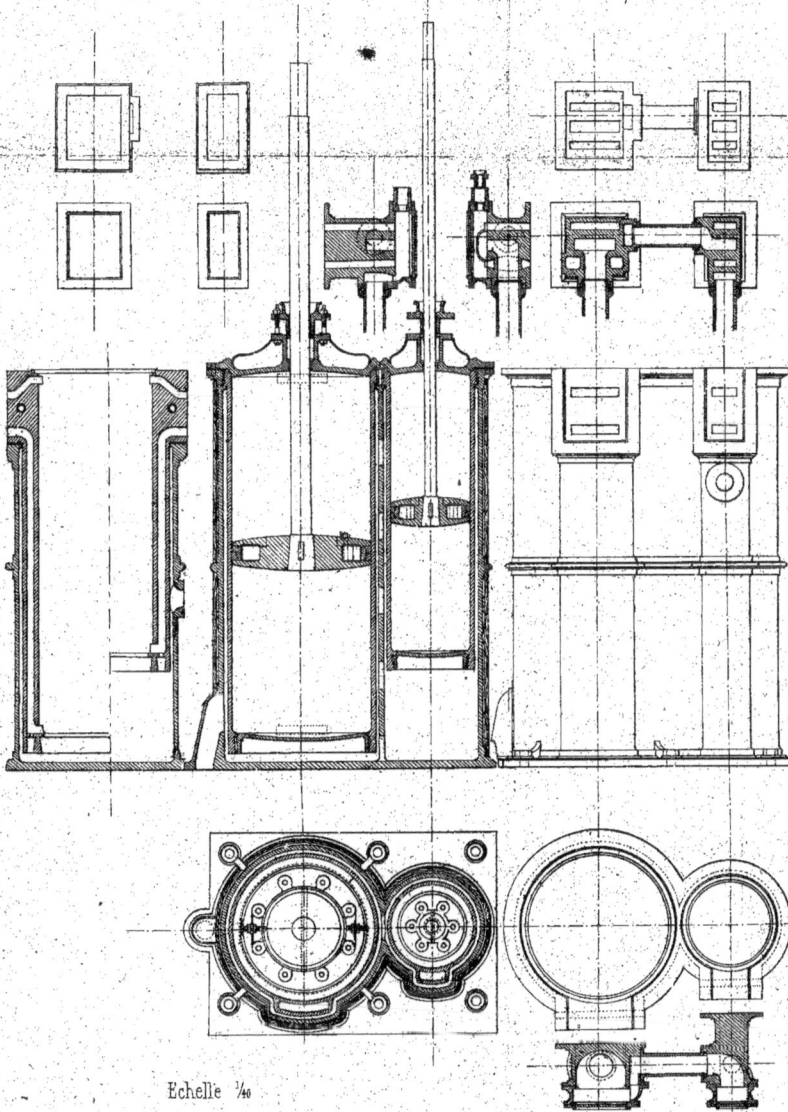

Echelle ¹/₄₀

SOUFFLERIE BESSEMER

Diamètre du cylindre à air   1m371
Diamètre du cylindre à vapeur 0m915
Course commune des pistons   1m525
Vitesse maximum   40 tours
Pression effective maximum   0m40 de mercure

Pl. 5.

Pour convertisseur de 5 tonnes.

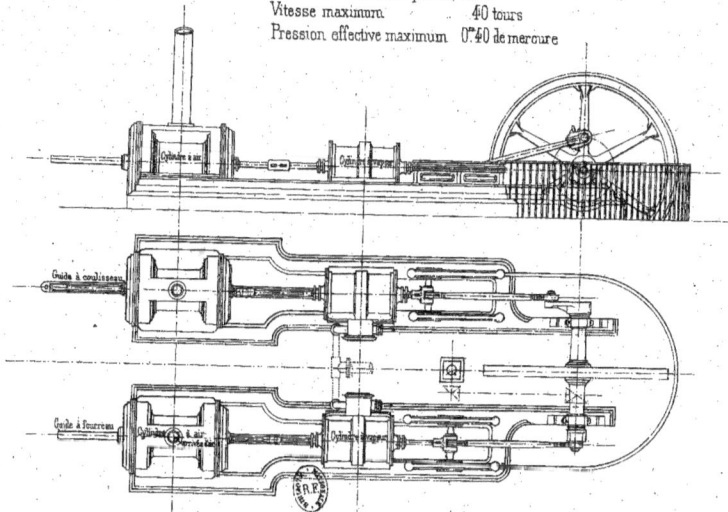

Imp. de la société des anciens Établis, J. Dejey & Cie, 19, rue de la Perle.

Pl. 6.

SOUFFLERIE BESSEMER (Pour Convertisseur de 3 tonnes.)
Détails du Cylindre à air

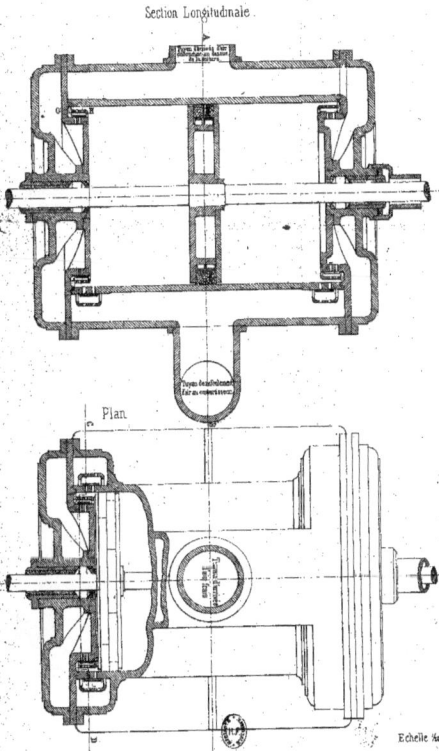

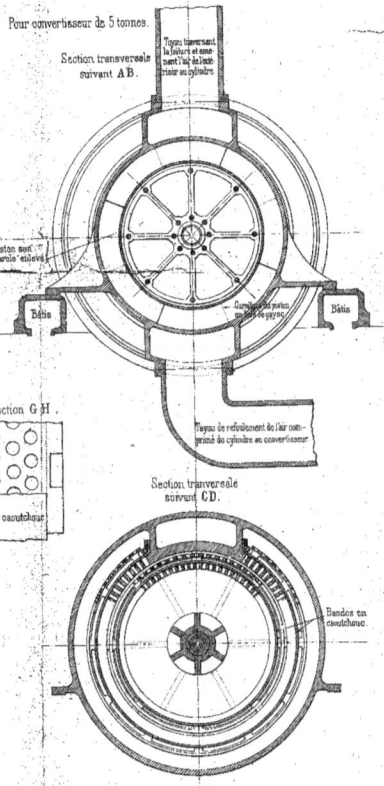

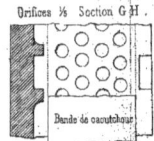

Section Longitudinale.

Plan

Echelle ⅒.

Imp. de la société des anciens Etanc, J.Dupuy & Cⁱᵉ, 38, rue de la Paix.

Pour convertisseur de 5 tonnes.

Section transversale
suivant A B.

Bâtis   Bâtis

Tuyau de refoulement de l'air comprimé du cylindre au convertisseur

Orifices ⅓   Section G H.

Bande de caoutchouc

Section transversale
suivant C D.

Bandes en
caoutchouc.

Souvent il arrive que la bande continue de caoutchouc placée à l'aspiration
peut encore, quand elle est usée, servir de bande de refoulement.

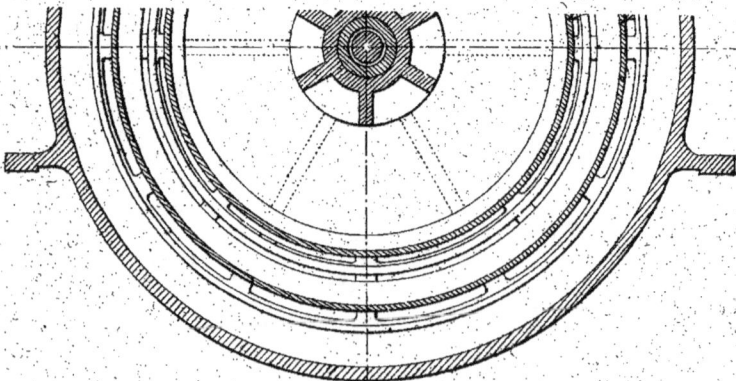

Souvent il arrive que la bande continue de caoutchouc placée à l'aspiration peut encore, quand elle est usée, servir de bande de refoulement.